Nate Van Dyke

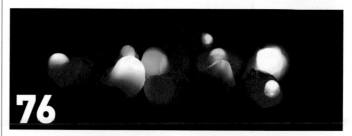

28
58

76
87

80
62

Matthew Billington

國家圖書館出版品預行編目資料

Make：國際中文版／ MAKER MEDIA 編.
-- 初版. -- 臺北市：泰電電業，2016.5　冊；公分
ISBN：978-986-405-024-6　（第 23 冊：平裝）
1. 生活科技
400　　　　　　　　　　　　　　　　　105002499

EXECUTIVE CHAIRMAN
Dale Dougherty
dale@makermedia.com

CEO
Gregg Brockway
gregg@makermedia.com

*

EDITOR IN CHIEF
Rafe Needleman
rafe@makezine.com

CREATIVE DIRECTOR
Jason Babler
jbabler@makezine.com

*

EDITORIAL

EXECUTIVE EDITOR
Mike Senese
mike@makermedia.com

PRODUCTION MANAGER
Elise Tarkman

COMMUNITY EDITOR
Caleb Kraft
caleb@makermedia.com

PROJECTS EDITORS
Keith Hammond
khammond@makermedia.com
Donald Bell
donald@makermedia.com

TECHNICAL EDITORS
David Scheltema
Jordan Bunker

EDITOR
Nathan Hurst

EDITORIAL ASSISTANT
Craig Couden

COPY EDITOR
Laurie Barton

LAB MANAGER
Marty Marfin

LAB PROJECT EDITOR
Emily Coker

EDITORIAL INTERNS
Sophia Smith
Nicole Smith

DESIGN, PHOTOGRAPHY & VIDEO

ART DIRECTOR
Juliann Brown

DESIGNER
Jim Burke

PHOTOGRAPHER
Hep Svadja

VIDEO PRODUCER
Tyler Winegarner

VIDEOGRAPHER
Nat Wilson-Heckathorn

MAKEZINE.COM

DESIGN TEAM
Beate Fritsch
Eric Argel
Josh Wright

WEB DEVELOPMENT TEAM
Clair Whitmer
Bill Olson
David Beauchamp
Rich Haynie
Matt Abernathy

國際中文版譯者

Madison：2010年開始兼職筆譯生涯，專長領域是自然、科普與行銷。

王修聿：成大外文系畢業，專職影視和雜誌翻譯。視液體麵包為靈感來源，相信文字的力量，認為翻譯是一連串與世界的對話。

孟令函：畢業於師大英語系，現就讀於師大翻譯所碩士班。喜歡音樂、電影、閱讀、閒晃，也喜歡跟三隻貓室友說話。

屠建明：目前為全職譯者。身為愛丁堡大學的文學畢業生，深陷小說、戲劇的世界，但也曾主修電機，對任何科技新知都有濃烈的興趣。

張婉秦：蘇格蘭史崔克萊大學國際行銷碩士，輔大影像傳播系學士，一直在媒體與行銷界打滾，喜歡學語言，對新奇的東西毫無抵抗能力。

敦敦：兼職中英日譯者，有口譯經驗，喜歡不同語言間的文字轉換過程。

潘榮美：國立政治大學英國語文學系畢業，曾任網路雜誌記者、展場口譯、演員等，並涉足劇場、音樂、廣播與文學界。現為英語教師及譯者。

謝孟璇：畢業於政大教育系、臺師大英語所。曾任教育業，受文字召喚而投身筆譯與出版相關工作。

謝明珊：臺灣大學政治系國際關係組碩士。專職翻譯雜誌、電影、電視，並樂在其中，深信人就是要做自己喜歡的事。

Make：國際中文版23
（Make：Volume 47）

編者：MAKER MEDIA
總編輯：周均健
副總編輯：顏妤安
編輯：劉盈孜
特約編輯：謝瑩霖
版面構成：陳佩娟
部門經理：李幸秋
行銷企劃：洪卉君
出版：泰電電業股份有限公司
地址：臺北市中正區博愛路76號8樓
電話：（02）2381-1180
傳真：（02）2314-3621
劃撥帳號：1942-3543 泰電電業股份有限公司
網站：http://www.makezine.com.tw
總經銷：時報文化出版企業股份有限公司
電話：（02）2306-6842
地址：桃園縣龜山鄉萬壽路2段351號
印刷：時報文化出版企業股份有限公司
ISBN：978-986-405-024-6
2016年5月初版　　定價260元

版權所有‧翻印必究（Printed in Taiwan）
◎本書如有缺頁、破損、裝訂錯誤，請寄回本公司更換

**Vol.24
2016/7
預定發行**

www.makezine.com.tw 更新中！

下列網址提供本書之注釋、勘誤表與訂正等資訊。 makezine.com.tw/magazine-collate.html

21世紀的Maker套件
A Construction Set for the 21st Century

文：戴爾‧多爾帝，Maker Media創辦人與執行長　譯：謝孟璇

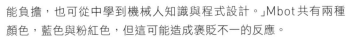

這將是中國Maker運動具突破性的一年，從2015年七月深圳Maker Faire的盛況就可見一斑。 深圳Maker Faire部分受政府資助，由矽遞科技（Seeed Studio）劉得志（Kevin Lau）監製，在四個街區大的園區中近有上百名Maker參展。劉得志表示，2015年的活動規模比2014年大了十倍。

中國總理李克強（Li Kequiang）一向致力於經濟改革。他在一月造訪深圳的Makerspace時就表示：「我們應協助有創意的Maker創業。」深圳市副市長也看準Maker的潛力，說道：「深圳將會成為Maker之城。」中國政府正竭力想為國內Maker打造出支持創業與小型企業的生態環境，而新一代年輕企業家中足以做為標竿的，應該就是Makeblock創辦人王建軍（Jasen Wang）。

王建軍是個輕聲細語但眼神熠熠的工程師，五年前碩士畢業後，便到深圳開了一間硬體公司。2011年他創立了Makeblock，重新設計並生產類似於Erector積木的組裝套件，成為當地HAX加速器新創公司中的佼佼者。2013年他在Kickstarter上的募資活動一開跑，便成功募得185,000美元。2014年，他再從紅杉資本（Sequoia Capital）投資公司募得600萬美元創業金，並於2015年把他的10人公司團隊擴大為90人，延攬了製造、軟體開發與設計類的專業人才。

Makeblock包含了鋁桿、機械零件與電子模組，而且具備Arduino相容的控制器及標準的感測器。「我們結合了很多新科技，包含開放程式碼技術，」王建軍說。Makeblock的套件能打造音樂機器人、XY繪圖儀，甚至自製3D印表機。產品一律設計優良、包裝精美，且價格優惠。

王建軍興奮地向我展示一款Makeblock的新產品：Mbot。Mbot是為孩子設計的教育機器人，提供一種類似Scratch的程式環境，用來控制與Arduino相容的機器人。Mbot在Kickstarter上的募資活動於五月截止時，已成功從2,500位贊助者身上募得了285,000美元。王建軍相信這一套75美元的產品「每個孩子都

能負擔，也可從中學到機械人知識與程式設計。」Mbot共有兩種顏色，藍色與粉紅色，但這可能造成褒貶不一的反應。

深圳Maker Faire上，隨處可見成功執行Kickstarter專題的Maker，他們不只如願募資、還順利行銷了產品。我敢打賭他們背後的資助人大都不是來自中國。然而，讓我最刮目相看的是他們一旦募資完成後，總能充分利用深圳的製造優勢迅速出貨。王建軍當時便計劃募資結束一至兩個月內就要把Mbot寄出。大多數在Kickstarter展開硬體募資的美國Maker，往往需要18個月左右的時間製造且完善產品——如果他們幸運的話。

王建軍說，深圳Maker Faire讓更多中國人認識了Maker運動；他們甚至在Maker Faire上賣出不少臺Mbot。「我們開發了很多新客戶。很多以前沒聽過『Maker』的父母現在就知道那是什麼了，也了解這對他們的孩子與他們自己都很重要。」

身為深圳Maker Week活動的一份子，Makeblock還舉行了一場48小時的機器人大賽。該比賽的主題是「豎琴、下棋、書法、繪畫」，獲邀參賽隊伍共十二支，賽事中製造機器人所需的零件一律由Makeblock提供。最遠的有來自美國猶他州與義大利的隊伍。賽事上共打造出好幾款繪圖機器人，其中一種是水彩機器人，另一種是畫法創新的噴漆機器人。最終獲勝的是義大利「/dev/null」；他們的成品是一隻兩呎高、能以雷射筆控制方向的「光劍下棋機器人」（Light Saber Chessbot）。所有參賽隊伍不只展現了創意與團隊合作，也證明了Makeblock幾乎無所不能。

原版的Erector積木發明人是W.S.吉博特（W.S. Gilbert），他相信如果孩子擁有對的工具，就能自我教育。吉博特是受到20世紀早期紐約市裡，為了蓋摩天大樓而懸吊於高空的鋼樑所啟發。而王建軍整合了實體與虛擬模組的Makeblock，顯然是受到21世紀深圳Maker的蓬勃創意成果所影響。⊘

Makeblock

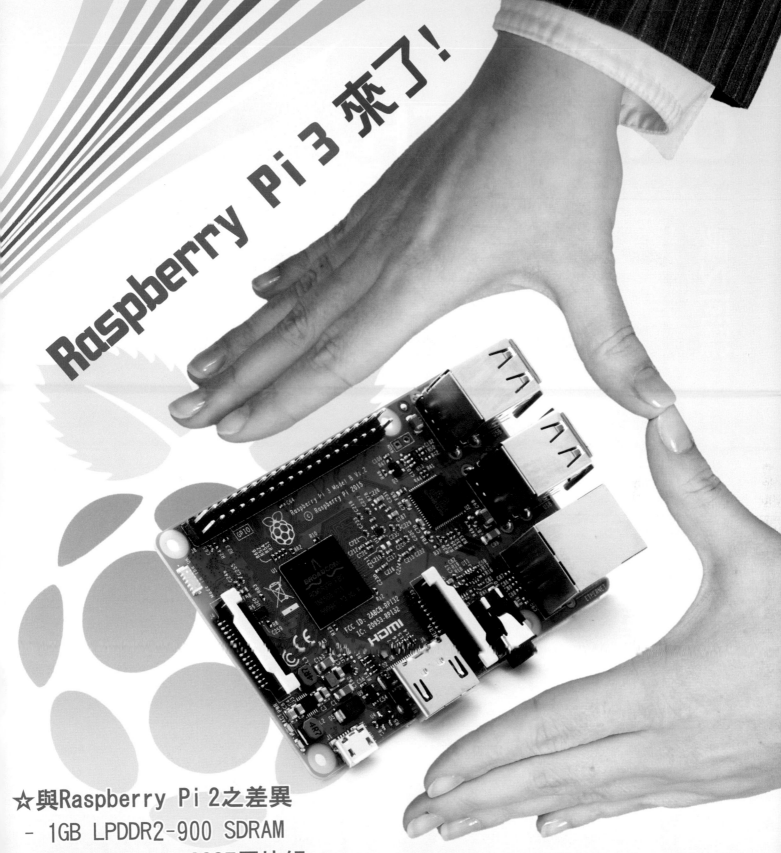

Raspberry Pi 3 來了!

☆與Raspberry Pi 2之差異

- 1GB LPDDR2-900 SDRAM
- Broadcom BCM2837晶片組
- ARM Cortex-A53 64位元 1.2GHz四核心，處理速度快約50%
- 新增802.11n WiFi無線網路及Bluetooth 4.1

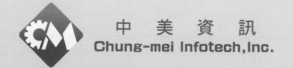

中 美 資 訊
Chung-mei Infotech, Inc.

客服信箱：service@chung-mei.biz
官方網站：www.chung-mei.biz
服務專線：(02)2312-2368

銀河之美

CELESTIAL-MECHANICA.ORG

潔西卡·威爾茲小時候看過吉姆·亨森賣座的電影《魔水晶》（The Dark Crystal）。她當下就迷上其中一個場景，就是名為太陽系儀的龐大機械系統。

通常太陽系儀都設計成小巧精準、具功能性的發條裝置，不過對威爾茲來說，電影中巨大且壯觀的太陽系儀更令人印象深刻。

幾年來，她一直想嘗試具備精密機械與巨大比例兩種特性的作品，後來在她決定為火人節打造一件名為機械天體（Celestial Mechanica）的藝術品時，這個想法才終於落實。

經過幾個月，靠著整個團隊的全心投入，威爾茲終於將自己的想像化為現實。她希望每個觀者都可以體驗她兒時初見太陽系儀的那種敬畏，所以每個細節都一絲不苟，逐步完成太陽系儀。

這座太陽系儀有40英呎寬的天體運行範圍，其中的太陽直徑有6英呎，使用丙烷熊熊燃燒。威爾茲的作品真的就像電影中的裝置一樣壯觀。即使觀眾站在最遠的行星之外，仍可以感覺熱度襲上臉頰，並可以觀察月球和每個星球都因為經過特別訂製、精密數學而準確的轉動。

「我本來想做的是一個完全虛構的太陽系，但深入研究我們自己的太陽系後，發現她自己本身就非常讓人著迷了。」威爾茲說。

—卡里布·卡夫特

Wendell DeLano

搖滾吧，機器人！

KOLJAKUGLER.COM

古耶·庫格勒（Kolja Kugler）一直喜愛用金屬廢料製作大型雕塑，不過1999年他發現了氣壓缸後，開始在靜態的組合上加入空氣動力，於是雕塑作品搖身一變，更加活靈活現。他說：「當時我只是想要在雕塑品的臉部加上氣壓缸，結果臉部突然間就變得生動起來。」

這張臉最終慢慢演變成現在的艾爾頓廢物爵士（Sir Elton Junk），這個機器人的雕塑是庫格勒在德國的唯愛機械樂團（One Love Machine Band）的經紀人，樂團的成員包括一位鼓手、一位貝斯吉他手和一位鳥形的長笛手。這樂團比起演奏美妙的機械音樂更著重於雕塑造型及臉部表情。庫格勒從許多方面得到靈感，其中也包括《大青蛙布偶秀》（The Muppet Show），這一點可以明顯從他的機器人的外觀及行走的方式看出來。

樂團秀持續進化中。庫格勒考慮加入一位人類藝術家或是再打造另一個氣壓缸老虎機器人「動」（act），然後讓老虎跳過圈圈之類的。我們希望他也考慮在圈圈上加上火焰。

——傑若米·庫克

瓶中探險 BUILDEROFSHIPS.COM

David Lavoie

打造瓶中船通常都會有兩種方法。一種是先在瓶外建造一艘裝有鉸鏈桅桿的船，當船進入瓶中的時候，再以細繩將桅桿昇起；另一種比較困難及費時，使用有長柄的工具，直接在瓶中建造一艘船。

大衛·拉沃（David Lavoie）自行研究，融合了這兩種做法，製作出會發光的瓶中船。「我會先在瓶外雕刻、組裝整艘船後再將它一一分解，然後在瓶中將零件重新組裝回去。」他說，「綁在桅桿尾端的光纖會穿越整個甲板，所以桅桿無法完全折疊起來。我一直都是在瓶子裡一件一件將船給組合起來。」

光纖上的燈光造成發散的反光，特別當光纖彎曲或是折角的時候，光線會隨意折射至不同方向。因為光影交錯的效果，瓶中的海面營造出一種詭譎而奇幻的氛圍。

—卡伯·愛德威

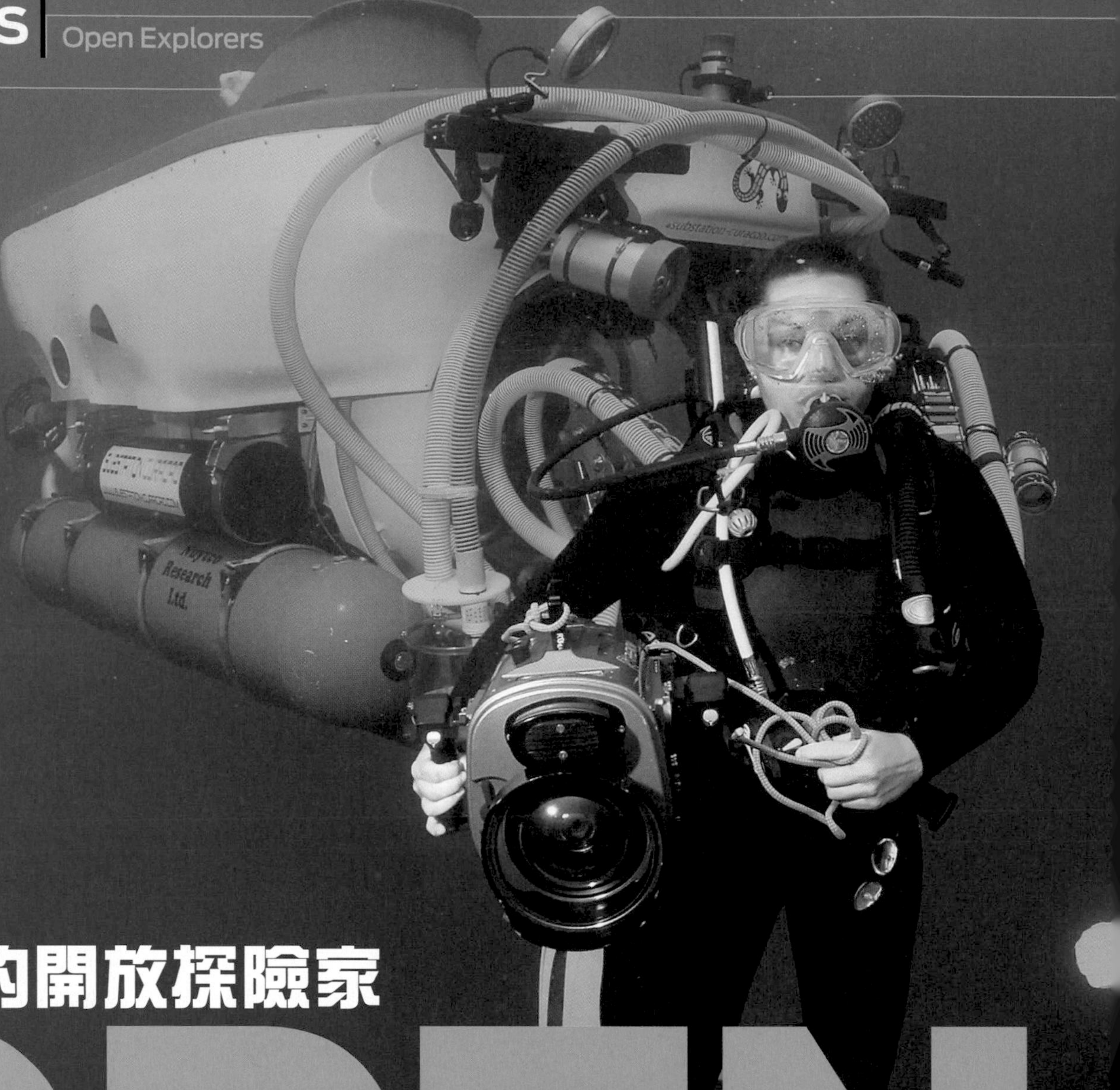

宇宙的開放探險家

OPEN
EXPLORERS
OF THE UNIVERSE

文：潘大衛　譯：謝孟璇

GEECs.com

現今的Maker正在重新啟動與塑造新的探險歷程。

DISCOVERY

科學與探險的歷史就是Maker寫就的故事。人類所使用的工具以及發明家，一直以來引導著我們發問、左右我們的視野、提供各種解答。從顯微鏡到望遠鏡、潛水艇到太空梭，帶領人類突破已知的人始終是Maker（及Maker團隊）。

然而過去一個世紀以來，探險卻變得遙不可及。科學上所謂「專業」與「業餘」的分野堆起了前所未見的高牆。過去歷史中，舉凡受啟發的人便得以揮灑好奇心，打造自己所需的探險工具。可惜，立意良善且追求效率的學術系統，諸如聯邦補助經費、會議與期刊等，使知識的追求變相成為象牙塔中的獨門活動。

這幾年來，多虧了Maker運動的興起，不論是科學儀器、探險工具、文物保存技術，都愈來愈提升且便利。便宜的零件、開放的資源，以及社群的熱忱，無不促使現今的Maker重新啟動與塑造新的探險歷程。

專業的科學團隊也注意到這個現象，並認真看待。在他們眼中，這不是威脅而是機會。富自造風格的科學並未取代傳統研究方式，反而是補強，是新一代的實驗、遠征，充滿了可能性。它是屬於求知者的全新流派，讓人既意外又雀躍。

現在我們將與新一代的Maker探險家連線，聽聽他們的故事，並從他們的專題中擷取靈感。世界各地有許多驚人的新科學正在醞釀，而Maker們正重拾起宇宙探險者的身分收復失土。

連大衛
David Lang
OpenROV 與 OpenExplorer 的共同創辦人，也是 TED 資深研究員、美國國家海洋暨大氣總署（NOAA）海洋勘探顧問委員會委員、與《自造者入門》（Zero to Maker）作者。

愛瑞卡・柏格曼
（Erika Bergman），
女孩水中機器人營隊。

Hardshell Labs

GEECs.com

沙漠陸龜的雷射小跟班

提姆·席爾茲，硬殼實驗室

hardshelllabs.com

美國土地管理局（Bureau of Land Management）的野外生物學家，提姆·席爾茲（Tim Shields）因終年在莫哈韋沙漠（Mojave Desert）研究的沙漠象龜不斷遭受烏鴉大量殺害而沮喪不已。

一有機會，烏鴉就會在幼龜殼上啄出一個洞，然後吃掉幼龜。遷入莫哈韋沙漠並在四周活動的人類改變了當地環境，帶入了更多水、屋舍、鳥禽與食物。烏鴉的數量因此逐年俱增，在1975至1995年間便攀升了百分之一千，但陸龜的數量卻大幅減少。席爾茲先是想出了個高科技方法，那就是用強力雷射筆驅走烏鴉。

問題是，即使最具犧牲奉獻精神的的野外生物學家，也無法忍受置身在沙漠裡好幾個禮拜，忙著用雷射光驅逐烏鴉。席爾茲絞盡腦汁想出新招來保護他最心愛的物種：他打造了配有雷射電動越野車，截至目前為止成效不錯。

「我們現在用電動越野車觀察沙漠陸龜，避免對牠們造成干擾；我們也在車上裝了烏鴉厭斥的裝備，這樣遙控人員就能把這些掠奪者從脆弱的幼龜身邊趕走，」席爾茲說。他甚至開始設計程式，讓操作過程像電動遊戲一樣，讓工作人員可以遠端控制雷射，部分內容已獲得創用CC公眾授權條款保護。「我們的目標是讓那些目前難以實地見證或參與自然界神奇的環境保護者們，能夠一同來參與。」他說。

深潛入海

愛瑞卡·柏格曼，女孩水中機器人營隊

openexplorer.com/expedition/girlsunderwaterrobotcamp

潛水艇駕駛員暨國家地理學會的年輕探險家愛瑞卡·柏格曼（Erika Bergman），正為新世代的研究者與科學家帶來啟發。她是女孩工程與探險顧問團（Girls Engineering and Exploration Counselors）的共同創辦人，負責籌備「女孩水中機器人營隊」（Girls Underwater Robot Camps），讓青少女有機會接觸工程學與機器人學。

自2014年起，柏格曼的團隊便開始舉辦工作坊、演講活動與駕駛員營隊。這些營隊都著重在OpenROV潛水探測器的製造，還要計劃並執行一次實地微型探險。營隊中完成的裝備能在後續供學校的專題與探險活動使用。

柏格曼半工半讀完成大學學業，曾做過船運柴油技術員與蒸汽船消防隊員的她，2010年於潛水艇上工作時自學了駕駛技巧。她現在懂得駕駛各種研究艇，包含能潛入水深達300公尺的五人潛水艇。是這些經驗激勵了她多方嘗試努力。

「我本來希望藉著探險給這些年輕女孩們一些正面影響，但我無法帶著她們一同乘上海洋研究船，」她解釋。「然而，我可以幫助她們建立更深的連結，把她們親手為海洋探險製作的東西帶上研究船。製造水中機器人便是這樣的機會，能把她們的探險精神，與親自動手做的勤奮態度傳遞給其他國家的女孩們。」

Hannah Perner-Wilson

馬達加斯加自造空間

安德魯·奎克麥耶與漢娜帕納-威爾森，
健行駭客

當安德魯·奎克麥耶與漢娜帕納-威爾森到馬達加斯加出任務，希望尋找某種特殊品種的螞蟻時，他們需要一個地方組裝螞蟻啟動的感測器，於是他們在帳棚裡搭起了自造空間。

這次旅行是「健行駭客」（Hiking Hacks）的系列路線之一，該活動讓奎克麥耶與帕納-威爾森環遊世界，並在一路上研發及分享所處生態環境專用的工具與感測器。他們在馬達加斯加時，使用了最新科技來記錄並宣傳生物領域的研究與計劃（該螞蟻感測器與其他專題都發布在 Instructables 專題網站了）。由於地處偏遠，所以他們安置了一個對野外友善、行動方便的「駭客中心」，做為公共設計空間，同時也保護機械與零件。

奎克麥耶是喬治亞理工學院數位媒體的博士生，他「當時想，如果要開創一種能與自然互動的科技，不妨回到自然環境中動手。」

如果他們能實現這個自造空間的構想，肯定能鼓舞更多人在研究現場自製工具。

「叢林對於製作電子產品而言是個非常特別的環境，」有電子紡織品與DIY電子學背景的帕納-威爾森說。「週遭生長的動植物都可能成為我們的專題材料或靈感。」

偵測非法盜伐

托佛·懷特，雨林連結

rfcx.org

一趟生態旅遊的叢林徒步中，托佛·懷特（Topher White）遇到了一件驚心動魄的事。「有一天，我們這個團跟著導覽步行在保護區中，但就在離管理中心不到5分鐘的地方，我們碰巧遇上了一組盜伐人士，」他說。「我們抵達時他們已經逃走了。問題很明顯，即使在相對近的距離裡，護林員也無法即時掌握保護區的破壞行動。」

身為物理學家與工程師的懷特，因這個事件而萌生想法，希望利用舊手機來開發新式的雨林監測系統。他在Kickstarter發起了募資計劃，結果成了最成功的環境保護專題之一。現在他隨之成立的組織——雨林連結（Rainforest Connection）——正忙著把這項裝置安置到世界各地的森林裡。

這套系統的關鍵之一就是藉力使力，善用原本破壞森林的科技反過來保護森林。「我注意到即使在叢林裡、在電力有缺口、且離最近道路或許還一百英哩遠的地方，依然

Rainforest Connection

有相當可靠的電信服務。當地的住民一定也很倚賴它，」懷特說。把敏銳的麥克風接到舊手機上，就能監聽電鋸或車輛通行的聲波，一旦偵測到動靜，便再藉著手機網路傳送簡訊警告。林間的太陽能電池面板能吸收樹冠間灑下的光斑，把電池餵飽，電池陣列則高置在樹頂以免被察覺。

「一直以來這都是個冒險，」懷特說。「每天爬上兩百呎高的樹、每天與亞馬遜戰士們一起當背包客穿越叢林，這完全不是我拿物理學位時料想得到的苦差事，但我覺得做得很有意義。」

Hope FROM ABOVE

從天而降的希望

設計無人飛行載具，為敘利亞投送物資

文：希格妮・布魯斯特
譯：孟令函

Hep Svadja and Getty Images

希格妮・布魯斯特
Signe Brewster
洛杉磯的科學與科技記者，她的報導涵蓋了機器人、無人飛行載具、3D列印及Maker運動。

2015年3月16日，成桶的氯氣在敘利亞北部的薩明（Sarmin）從天而降，造成六人死亡，多人受傷。這是最近敘利亞內戰中多起化學攻擊之一，影響人民甚鉅。

「薩明離邊境並不遠，但整個邊境都已交通封閉。」沙夏・果許・希米諾夫這麼説道，他是敘利亞救援組織──人民追求改變（People Demand Change）的負責人，在攻擊事件發生後四小時，他傳簡訊給位於史丹佛大學的朋友──馬克・雅各布森。「如果你的飛機已準備妥當，請裝載緊急醫療藥物與設備過來。」

果許・希米諾夫所指的飛機其實是無人飛行載具，這種載具是特意為這類緊急救援的需求製造的。雅各布森是學校航空運輸協會（Uplift Aeronautics）的執行長，這是個非營利組織，其主旨是期望透過它們的敘利亞升空計劃（Syria Airlift Project），空投必要的醫療物資、食物、其他各種物資到敘利亞。敘利亞最近封鎖邊界，拒絕外國的援助物資，而且任何試圖飛進敘利亞領空的飛機，都很有可能被擊落。然而升空計劃有他們的應變之道：運用無人飛行載具，在夜色的掩蔽下迅速投放物資，以躲過肉眼及雷達的探測。

更多付出

雅各布森正在攻讀政治科學的博士學位，一年前他人在伊斯坦堡，當時正值國際各界開始干預敘利亞內戰的時刻，伊斯坦堡的一群學者因此就此議題展開熱烈討論。2011年發生了阿拉伯之春的運動，社運人士聚集起來，對巴沙爾・阿薩德總統與政府提出抗議，大約20萬人在事件中喪生，其中約有超過1萬人是兒童。缺乏醫療資源與食物之苦，成了政府用來對付敘利亞人民的武器。

在他們的集會上不斷有人問著：「為什麼我們沒辦法做得更多？」雅各布森曾擔任過空軍的貨機機師，他對其中一位與會者

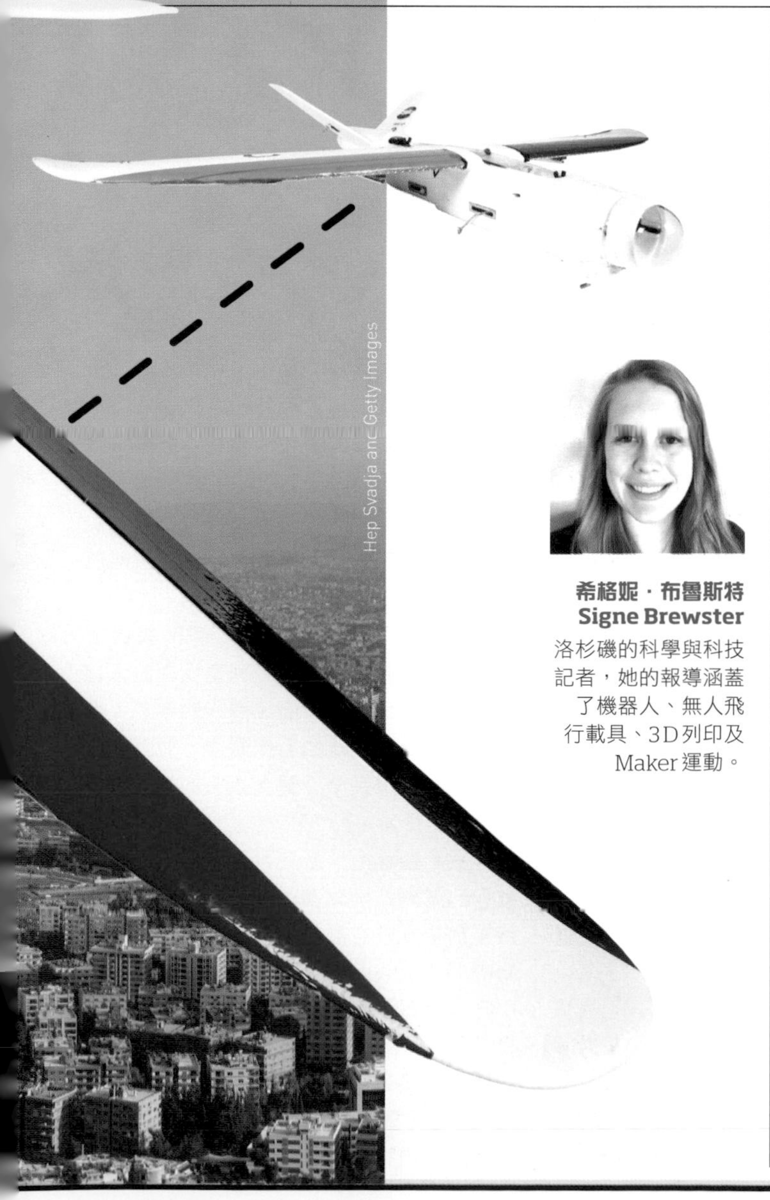

遙控投放貨品的構造

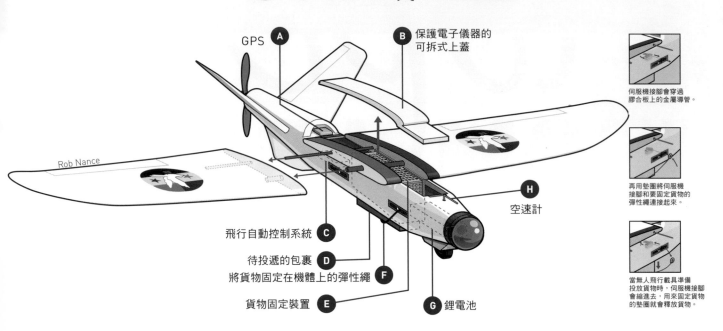

GPS **A**

B 保護電子儀器的可拆式上蓋

Rob Nance

飛行自動控制系統 **C**

待投遞的包裹 **D**

將貨物固定在機體上的彈性繩 **F**

貨物固定裝置 **E**

G 鋰電池

H

空速計

伺服機接腳會穿過膠合板上的金屬導管。

再用墊圈將伺服機接腳和要固定貨物的彈性繩連接起來。

當無人飛行載具準備投放貨物時,伺服機接腳會縮進去,用來固定貨物的墊圈就會釋放貨物。

解釋,那種動盪不安的地區領空不是你想飛貨機進去就可以進去的,根本辦不到。晚上他便懷著滿心的愧疚感回到旅館,心裡反覆想著他說的「辦不到」,那並不是個好答案。在他跟同事們聊到這個話題時,嘗試利用無人飛行載具投放大量物資的想法在他腦海縈繞,於是在凌晨兩、三點把筆記本攤開,睡意早已一掃而空。

我應該要想辦法投放大量的小包裹,但我還不是很確定哪種方法可以做到,要用四軸飛行器嗎?還是飛機?飛機的彈射器?甚至是用氣球?雅各布森說:「我只是把我能想到的方法都先列出來。」

於是學校航空運輸協會、敘利亞升空計劃就這樣誕生了,時至今日,雅各布森跟志工們都忙著試飛無人飛行載具的原型。他們計劃從目標國的鄰近國家邊界,讓數百臺無人飛行載具執行任務,這些任務依不同的合作夥伴有所不同,「人民追求改變」就是其中一個合作單位。每一臺無人飛行載具只能裝載幾磅重的物資,但是正因為無人飛行載具迷你的尺寸,它們得以避開雷達的追蹤,也分散投遞不成的風險。在這樣的技術下,就算再有氯氣炸彈爆炸,裝載藥品的無人飛行載具也可在一

小時內到達目的地,不再像以前一樣,物資需要花費數天才能抵達,甚至是永遠也到不了。

升空計劃打算訓練敘利亞的難民,以及其他有意願的民眾,負責操作或維修無人飛行載具。他們的第一個目的地是阿勒頗,敘利亞最大的城市,也是在這次戰爭中受創相當嚴重的地方,在那裏,饑荒與疾病四處蔓延。

無人飛行載具只要半個小時便能飛抵阿勒頗,它們不會降落,只會投下加裝了降落傘的小包裹,投下包裹後,這些無人飛行載具就會返航,回到起飛基地;發射地點幾乎每天更動,志工們負責更換電池,裝載新的貨物,在數分鐘內再重新起飛。

複雜之處

任何飛行物體在未經許可下進入國家領空,就是違反國際法,更何況是數百架無人飛行載具;在目前進行制裁的情況下,禁止運送美國的貨品進入敘利亞,但在這種非常時刻,可以有一些例外,但是這須經由數個不同的政府部門決定。

雖然已跟政府官員們談過,雅各布森還是無法完全確定升空計劃可以得到美國政

府的許可;這些無人飛行載具需要得到美國財政部與國際間同意,也需要遵守武器規範以及國際反恐法。

當地所需的許可程序也很麻煩,升空計劃需要與敘利亞邊境的國家政府合作,例如土耳其、約旦,安排「觀眾」負責證明升空計劃的無人飛行載具是安全且有益的。近來在土耳其的選舉,以及在敘利亞境內的空襲,都為整起事件增添的複雜的程度。

果許‧希米諾夫表示:「某種層面上來說,跟武裝集團還有敘利亞境內的人協商,還比跟土耳其政府協商來的容易。要察覺這些錯綜複雜的官僚制度,並且確定自己沒有衝撞到某些長久以來的規定,其實是很困難的。」

在敘利亞境內,最有可能擊落無人飛行載具的是對抗阿薩德的組織,目前是由反抗軍佔據了升空計劃的升空點與阿勒頗之間的領土;然而果許‧希米諾夫表示,只要升空計劃可以明確顯示這些無人飛行載具只是為了投放物資,並不會介入任一方的行動,要說服當地的軍團讓無人飛行載具安全飛過去應該不是問題。

在這樣物資缺乏的情況下,某些部隊開

無人飛行載具飛行航線圖

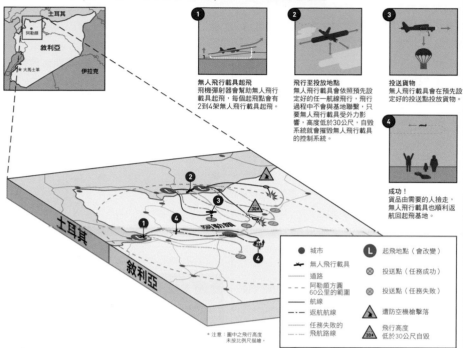

1 無人飛行載具起飛
飛機彈射器會幫助無人飛行載具起飛，每個起飛點會有2到4架無人飛行載具起飛。

2 飛行至投放地點
無人飛行載具會依照預先設定好的任一航線飛行，飛行過程中不會與基地聯繫，只要無人飛行載具受外力影響，高度低於30公尺，自毀系統就會摧毀無人飛行載具的控制系統。

3 投送貨物
無人飛行載具會在預先設定好的投送點投放貨物。

4 成功！
貨品由需要的人撿走，無人飛行載具也順利返航回起飛基地。

城市
無人飛行載具
道路
阿勒頗周圓60公里的範圍
航線
返航航線
任務失敗的飛航路線
L 起飛地點（會改變）
⊗ 投送點（任務成功）
⊗ 投送點（任務失敗）
⚠ 遭防空機槍擊落
⚠30 飛行高度低於30公尺自毀

*注意：圖中之飛行高度未按比例尺描繪。

土耳其　敘利亞

麥可・泰勒，他身邊的是一架升空計劃的無人飛行載具，以及自製的PVC發射器。

當無人飛行載具的貨艙中釋出貨物，包裹的重量會同時拉出塑膠袋做成的降落傘，以利降落。

Hep Svadja

始擊落、奪取無人飛行載具做為己用也是很可能發生的，升空計劃早就想到這點，並做出預防措施。每一臺無人飛行載具都裝有自毀裝置，如果載具在除了起飛地點以外的地方離地面太近，這些裝置就會催毀自己的導航系統，也就是說，任何在前述條件以外離地面太近的無人飛行載具，都會失去遠端領航的功能。

雅各布森說：「只要無人飛行載具離開升降區後，我們就不會再對其下達指令，飛行路線已經預先設定好了。這麼說好了，我們在載具上裝置的特製硬體，在敘利亞的領空時，基本上就像是塞住了雙耳一樣，它不會聽進任何外來的訊息，這樣它們的系統就比較難以被駭客入侵。」

傾力付出的志工

2015年4月，雅各布森跟四個志工在史丹大學的拉根尼塔湖碰面。其中一位是工程師麥可・泰勒，目前是電子工程的博士候選人，他帶著另外兩位志工穿過因為加州的乾季而變成一片草地的湖底，在上面設置無人飛行載具的發射器。

在可以俯瞰整個湖的陽臺上，雅各布森正在組裝、測試他的「瓦里德（Waliid）」

無人飛行載具；新的志工──史都華・金是個還在醫院工作的住院醫師，雅各布森帶他跑了一遍無人飛行載具的軟體以及起飛前的步驟。

跟現在很熱門的四軸飛行器不同的是，無人飛行載具的機體材料是泡棉，以膠帶將各部位捆在一起，外表看來實在不是很引人注意，但它還是具備了飛機的形狀，而且可以飛行達一個小時，而不是升空幾分鐘就會掉下來。它的機翼長度大約是5'7"，以黑、綠、紅三色裝飾，正是敘利亞國旗的顏色。

在草地上，可以看到泰勒根航空學博士生──海瑟・克萊恩已經完成發射器了，那是個7英尺長的PVC管做成的骨架，它會將無人飛行載具引導、發射到空中。托摩奇・埃托是在讀機械工程的大學生，同時也是資深的無人飛行載具操控者，將彈性繩繫在數百英尺之外的地面上，然後將彈性繩拉到發射器上並固定住；彈性繩鬆開的瞬間就會將無人飛行載具彈到空中。

這整個團隊包括了5個志工，以及15到50位的外界參與者。整個計劃工程部分的核心在史丹佛，但參與設計及投放計劃的人遍布全世界，透過電子郵件、Skype、

Dropbox，大家一起討論、共同研究；未來升空計劃打算透過Github儘量釋出所有的開放資源。

首席工程師布蘭登・費多跟大部分的志工一樣，都是透過史丹佛的無人飛行載具社團知道升空計劃。費多是個機械工程的博士生，他從12歲就開始玩遙控飛機；他覺得自己的專長其實就是「什麼都會一點」，而這種多方面的專長好像是升空計劃裡大家都有的特點。拿史都華・金來舉例，他以前當過商用飛機駕駛，而現在他致力於跟醫學相關的非營利組織合作。而雅各布森正在積極經營他在國際上的人脈，以及他在美國政府單位裡的朋友，他們是雅各布森以前在美國空軍的同袍。

拓疆闢土──還有天空

世界各地都有人在付出努力，試著用無人飛行載具做更多好事。而敘利亞也不是世上唯一一個因戰亂而毀壞了公共建設，致使物資援助無法透過陸路運送的地方；無人飛行載具也廣泛運用在監控盜獵者和提供發生災難地區的空照情報。然而雅各布森並不打算將敘利亞升空計劃用在這些地方，他反而回顧了在冷戰時期的情形，

在一個當地的活動裡敘利亞的孩童設計了傳遞關懷的包裹。

當時西方盟軍就空投了物資到西柏林。美國空軍的飛行員——蓋爾·哈佛森將糖果綁在用手帕做成的降落傘上,空投給孩子們,因為空投糖果,哈佛森變得家喻戶曉,而無人飛行載具的確也可以為人們愛來希望與快樂。

「在敘利亞境內的人們,已經把飛機跟死亡直接連結起來了,他們對飛機沒有任何正面的記憶。」果許·希米諾夫說道,「如果能讓他們發現,其實飛機的到來,也可能是要提供他們援助,而不是傷害他們。這樣的行動也可以讓他們發覺自己並不孤單,這個世界沒有遺忘他們,世界上還有很多人想要幫助他們。」

開放資源解決了市場斷層

當一切都準備好後,整個製作小組聚集到了湖床上的發射器附近,一個瓦里德無人飛行載具就放在兩個金屬軌道上面,彈力繩釋放以後,無人飛行載具就會沿著軌道前進、升空。

就在這一小群人靠近的同時,雅各布森喊出最後的口令:「發射!」發射器釋放了無人飛行載具,載具開始向前飛,彈性繩失去張力掉在地上,而載具逐漸上升,開始在拉根尼塔湖上繞著一個四方形飛翔。

雅各布森設計一個程式來計算飛機在不同飛行速度下的耗能,瓦里德無人飛行載具以2mph的幅度增加速度,逐漸從28mph增加到50mph,來反覆試驗哪種速度可以讓他們得到最長的飛行距離。

升空計劃在讓無人飛行載具飛進敘利亞時,會執行Swarmify應用程式,這個特製程式可以根據計劃的需求,將一個航線轉變成許多半隨機的航線。「每個航線都有些微的差異,所以可以確保無人飛行載具不會在空中碰撞到彼此。這也是一種提高成功投送率的策略,因為不會有兩架飛機飛過同一個地點,就算有人看到第一架無人飛行載具經過,他也無法抓到下一架。」

大部分的無人飛行載具是用市面上現成或開放程式碼的零件組成,雖然升空計劃以後可以製造自己的無人飛行載具,但現在還是使用比較物美價廉的業餘套件,瓦里德其實是由X-UAV100美元的Talon套件組成。而它的自動駕駛系統是透過3D Robotics打造;馬達、零件、伺服機,都是經過預算考量選擇出來的,在Hobby King上即可購得。會選擇使用這些品項,其實也跟整個組織的源起有關,雅各布森當初透過自學,學會了無人飛行載具的基本知識,也搞清楚了要怎麼為無人飛行載具編碼,才得以在經濟能力許可的範圍下,發起這個計劃。

雖然升空計劃裡志工們的能力都有提升,也持續在嘗試自製無人飛行載具,但他們發現選擇不多。

「當我們開始瀏覽各種機身,我們發現,如果要考量性價比,市面上的品項實在太兩極化了。」費多這麼說著「如果你試著把這些機身排成一列,把其中體型最小、最便宜的放其中一端,而把大的商用、軍用無人飛行載具放在另一端,你會發現這兩端之間其實有個很大的斷層,而這個斷層正是我們想要著手做點改變的地方。」

可以裝載數磅重量貨物達一個小時、價格約莫在1,000美元的機種,根本不存在。費多表示,更多更新的選擇紛紛出現,只是大部分都還沒正式上市,目前升空計劃還是持續改良設計,成本大約落在500到1,000美元之間。

無人飛行載具的機腹裡才是它真正的價值所在——需要運輸的物資。由費多雷射切割的木箱子,打開了以後就可以投放貨品,而這些貨品會繫上以垃圾袋做成的降落傘,慢慢飄向地面。

敘利亞只是開端

不管整個敘利亞升空計劃是否成功,升空計劃都已看見無人飛行載具的大好未來。原本只是幾架飛機的規模,可以進展到成千上百架的程度,這種援助足以提供某些鄰里的溫飽。即便只是幾架無人飛行載具,也可以為政治狀況比較沒有那麼複雜的偏遠地區,提供醫療物資援助,可以為那些受災難重創的地區提供急難物資。

雅各布森說道:「我的長遠展望是努力使世界上的饑荒和醫療資源缺乏消失,只要人道救援的途徑達到無孔不入,飢餓與醫療資源缺乏根本沒機會發生,這是我此生的夢想……如果我們能成功踏出這一步,我們就能夠從這裡開始,走得更遠。」 ◐

學校航空運輸協會成員:海瑟·克萊恩、托莫奇、埃托、馬克·雅各布森、麥可·泰勒。

敘利亞升空計劃的 無人飛行載具

THE NOUSHA
簡單的手拋起飛方式讓它成為駕駛員最佳的入門機種。

THE ANSLEY PEACE DRONE
這個機種的構造很適合用來試驗便宜的材料是否可行,也很適合量產。

THE ISRAA
這款機型有符合航空動力學,卻很低廉的設計,而且容易操作。

THE WALIID
裝載量大、可承重,是用來做短程貨物運輸的絕佳機種。

如果你想改造自己的塑膠泡棉飛機,讓它可以裝載、投送貨物,請看以下由學校航空運輸協會撰寫的教學:makezine.com/go/waliid-cargo-dropper。

文：戴爾·多爾蒂　譯：孟令函　**Maker Pro Q&A**

Can Makers Survive Prime Time?

Maker 實境秀有觀眾嗎？
Intel執行長布萊恩·科再奇籌備屬於Maker的電視真人實境秀

過去幾年來，**Intel致力提升自己在Maker社群的知名度**，推出了Edison單板電腦這樣的產品，也舉辦了以電子DIY為主題的比賽。在舊金山的Intel開發者論壇上，Intel執行長科再奇宣布Intel即將推出由馬克·柏奈特（創智贏家、我要活下去、誰是接班人的製作人）製作的全新電視節目《美國好Maker》（America's Greatest Makers）。這個節目將在2016春季播出，但在播出之前，節目製作單位會先選出32位Maker，上節目爭奪一百萬美元獎金以及贏家的名譽。報名網站americasgreatestmaker.com，報名截止日為2015年10月2日前。

去年你成功舉辦「穿戴式科技挑戰賽」，迴響熱烈。你如何擴大規模呢？

其實打造電視節目的點子來自於我老婆跟女兒。她們很愛看創智贏家這個節目，去年我從「穿戴式科技挑戰賽」比賽回到家時，她們覺得這場比賽簡直跟創智贏家節目一樣精彩。她們建議我「你要不要試試看把這比賽搬上電視螢幕？」於是我們就開始一整年的努力籌備。我們的目的是想讓觀眾看到整個自造的過程，怎麼成功製造出一樣東西，並讓它變成一項真正的商品，這整個自造過程一點也不像想像中那樣令人望而生畏。我們想找各種專業背景、有不同程度能力的人來參加，讓觀眾親眼看到，這些人能在這節目齊聚一堂，親自動手製作產品。

從去年的那場比賽有學到什麼經驗嗎？

我們更了解自己的產品了。我們發現，用Edison單板電腦製作原型比預期中困難，因此在這次的節目競賽中，我們打算以Curie為主（這是一款Intel新推出鈕扣大小的Quark系統晶片，有低功耗藍牙、六軸感測器），我們已經測試過搭配的軟體。而且我們已經對Edison做出了許多更新與改善，在這之中得到的經驗都將用於Curie的打造之中，因此這場比賽的創作平臺應該會更完備、好用。

基本上Maker們在提交他們的產品理念前，對Curie的認識都不會太多。

我不覺得有任何人可以在六周內成功製造出真正的作品，所以我們只要求報名參賽者交出書面形式的概念呈現，並拍攝影片。可以用白紙、紙箱或任何材料做出概念的模擬呈現；其實我們是希望參賽者可以完整描述，他們想做什麼，想推出什麼產品，然後我們會從這當中選出前32個最好的參賽。

你本身也是個Maker，跟你共事的人有向我透漏，你不只會電子技術，也喜歡做木工、焊接，然而這場比賽不只是為了娛樂，對Intel來說也是很棒的市場策略吧。

是阿，我們希望將Intel變成一個充滿創新的地方，不管你是想用Curie打造一個用於大數據軟體的伺服器，或是低價的裝置，我們都很歡迎。如果我們只自己預測大家想怎麼使用新的科技產品，我們可能會錯過半數以上的好點子；因此，這種比賽可以讓我們看見更多可能性，也可以發現大家想要什麼。我們從中獲益良多，認識更多新領域，產生更多合作關係。

舉例來說，我們原來研發RealSense攝影機的目的，是想讓使用者不在電腦前時，也可以控制螢幕；整個RealSense的研發團隊都沒想到可以把它裝在無人飛行載具上，讓載具帶它自己飛過森林。後來一大堆人開始說：「我騎越野單車時，可以把無人飛行載具調到跟隨模式，也不用擔心它會撞到樹，超棒的。」我們才發現還可以這樣用。創造出產品後，放手讓大家去玩、去試，你才能看到產品的更多可能性。●

想看更多Maker的新聞跟訪談嗎？請上makezine.com/category/maker-pro。訂閱Maker即時新聞，請上makezine.com/maker-pro-newsletter。

戴爾·多爾蒂
Maker Media 的創辦人兼執行長。

桌上型電路板製造工廠
A CIRCUIT BOARD FACTORY ON YOUR DESK

Botfactory推出桌上型的電路板製造機，可以快速做出電路板的原型。

文：戴爾·多爾蒂　譯：孟令函

想要快速、完整地製作可用的電路板，而且不必用到烙鐵？這就是Squink的出發點。 它是布魯克林BotFactory公司生產的綜合桌上型電路板印刷機，要價2,999美元。這項設計讓這間新創公司贏得了2015年在舊金山舉辦的MakerCon基板（Launch Pad）比賽。

電路印刷即將成為桌面製造的一大趨勢，目前問世的系統都以能夠做出可傳輸的電路，甚至有些可以焊上錫膏，以便之後直接加上其他零組件。

Squink已經具備了以上各種功能，並更進一步加入了取放的功能，可以自動在印刷或專業製造的電路板上安裝各種微型電阻、電容或其他指定的零件。為了達到這項功能，Squink配備了真空泵以及內建鏡頭，可以直接從托盤上拿取零件、找到正確的方向與位置放置。

「自動取放功能是電路板製造中最困難的部分。」BotFactory的創辦人兼執行長──尼可拉斯·凡斯尼克如此說道：「我們花了將近18個月來研發自己的取放軟體。一般開放程式碼的軟體所需空間都太大了，我們自己做的軟體大約只需要25MB的空間，是個容量佔據小但很強大的軟體，整套取放零件的動作，只需要10～15秒。」

BotFactory甚至利用Squink的技術來組裝其他Squink機器的電路板，這個微型工廠可以直接在公司內進行製造，為他們省下許多時間、金錢，也許這正是Squink最突出的優點。 ◐

botfactory.co
makezine.com/go/botfactory-wins-launch-pad/

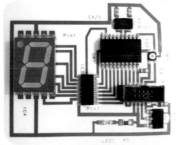

BotFactory

Make: EBOOK

訂閱數位版Make國際中文版雜誌，
讓精彩專題與創意實作活動隨時提供您新靈感！

Make:

http://www.makezine.com.tw/ebook.html

備註：

○ 數位版Make國際中文版雜誌由合作之電子平台協助銷售。若有任何使用上的問題，請聯絡該電子平台客服中心協助處理。

○ 各電子平台於智慧型手機／平板電腦閱讀時，多數具有平台專屬應用程式。請選擇最能符合您的需求（如費率專案／使用介面等）的應用程式下載使用。

○ 各電子平台之手機／平板電腦應用程式均可免費下載。（Andriod系統請至Google Play商店，iOS系統請至App Store搜尋下載）

全民的宇宙
SPACE
CITIZEN SPACE

好幾世紀以來，對行星的熱愛始終牽引著我們。人類文明可說是奠基在行星的運行及其代表意義上，科學隨著行星的發現、測量，以及對它的好奇探索而不斷發展，歷史則因天文學的重大突破時刻而有新的時代標記，每件新發現，無不再次激發我們更深層的渴望，期望有朝一日能飛往更高的蒼穹，探索無疆。掉落的蘋果與反射式望遠鏡引領人類腳步踏上月球，讓機器人降落在火星，也敦促我們凝視太陽系之外的太空。不用多久，更具企圖心的太空旅行即將啟程。

多虧大型的天文機構與研究組織所打下的厚實科技基礎，如今，世界各地的業餘太空人、宇航服自造者及獨立人造衛星設計者，都能開發並且取得威力更強大的宇宙探索工具。在這一專題裡，我們要表揚這些業餘愛好者，他們在探索宇宙上扮演日漸重要的角色，引領讀者一同參與探索的方法。摘下星星吧，它屬於我們。我們就是「太空世代」。⬤

Illustration by Nate Van Dyke

文：布蘭登・勞勒　譯：潘榮美

REACH FOR THE STARS

舉目觀星 自製杜布森望遠鏡，觀察浩瀚的宇宙。

布蘭登・勞勒
Brandon Lawler
業餘望遠鏡製造者，積極參與德州中區天文學社群。用CAD繪圖軟體設計、用CNC雕刻機賦予大型木材全新的生命，是他的熱情所在。

　　杜布森望遠鏡在業餘的望遠鏡製作玩家中很流行，因為結構堅固簡單、搬運方便、又有大型的光學鏡頭，製作上相對容易。這種望遠鏡顧名思義，由約翰・杜布森（John Dobson）在1960年代首創，結合了牛頓反射式望遠鏡（Newtonian reflector telescope）和獨特的雙軸架臺，可以支撐和旋轉。主鏡捕捉並反射光線後，副鏡會把光線引導至目鏡（eyepiece），對焦鏡則負責調整畫面清晰度。根據不同的鏡片尺寸，也有不同的型號。

　　取得David Kriege製作的杜布森望遠鏡設計圖之後，我也開始製作自己的第一座望遠鏡。我使用的是直徑12.5"的鏡片，12"輕型鏡筒。當我組裝好CNC雕刻機之後，立刻興沖沖開始了第三座望遠鏡，這次則是用了16"主鏡、鋁製骨架、粗的直式軸承、鋼製的可調式前鏡室以及可旋轉的架臺。這次望遠鏡製作工程前後耗時三個月，不過有經驗的Maker應該幾個禮拜就能完成。我對自己的成品很滿意，用它來觀察星空再棒也不過了。

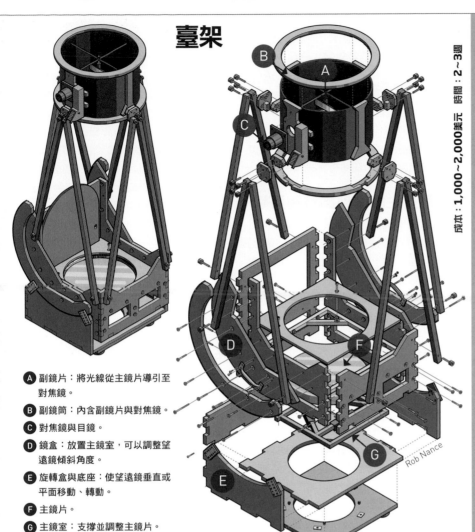

臺架

A 副鏡片：將光線從主鏡片導引至對焦鏡。

B 副鏡筒：內含副鏡片與對焦鏡。

C 對焦鏡與目鏡。

D 鏡盒：放置主鏡室，可以調整望遠鏡傾斜角度。

E 旋轉盒與底座：使望遠鏡垂直或平面移動、轉動。

F 主鏡片。

G 主鏡室：支撐並調整主鏡片。

Rob Nance

成本：1,000～2,000美元　時間：2～3週

材料

» **望遠鏡用主鏡片。**零件市場賣的、手工（見最後一頁詳細資訊）或訂製的皆可。我在 eBay 拍賣網站上有找到一個 16" 的主鏡片。
» **副鏡片，附「蜘蛛」狀鏡架。**在 eBay 搜尋組好的鏡片鏡架組。我用的是 4"，如果需要挑選尺寸的建議，請可以參考 garyseronik.com/?q=node/8。
» **對焦鏡**
» **Telra 尋星鏡**
» **鋼管，**切面 1/2" ～ 3/4" 平方，8' 至 12'。
» **夾板，**3/4"，4'×8'。
» **黑色 Kydex sheet（常用於刀鞘），**厚 1/16"，4'×4'。
» **ABS 樹脂，**表面有紋路的，厚 1/8"，2'×4'。
» **鐵氟龍片，**厚 1/8"，1" 平方（8）。
» **T 型螺帽，**1/4"，對應的螺絲 2 1/2" 附旋鈕（24）。
» **鋁製金屬管，**薄壁，切面 1" 平方，長度 4'（8）。我自己從 Cycle 24 購得。
» **滑板軸承（8）。**
» **金屬固定片，**1 1/2"×2 1/2"（4）。
» **木螺釘**
» **木材黏著劑**
» **磨砂與拋光用材**
» **黑色可纖棉絨，**6'×8'，並適當裁剪，至拉直後與 6' 的望遠鏡軸長約等長
» **橡皮繩，**4'
» **釘書針或裝修釘**

工具

» **CAD 繪圖軟體和 CNC 雕刻機（非必要）。**
» **CNC 雕刻原型檔，**可於 makezine.com/go/dobsonian 免費下載（非必要）。
» **臺鋸與帶鋸**
» **鑽床**
» **烙鐵**
» **螺絲起子**
» **縫紉機**
» **剪刀**

每一座杜布森望遠鏡的製作過程都是獨一無二的，以下我要介紹的是我自己的歷程，帶各位「試水溫」，之後再設計你自己的版本。

1. 打造鏡室

望遠鏡最重要的構造就是鋼製的鏡室，負責支撐並調整厚重的主鏡片。我是用 3/4" 的正方形鋼管焊接組成鏡室。

如果鏡面的曲折角度不正確，就會影響成像，所以利用架空的方式支撐鏡片，讓鏡片的背面架空在三個以上的支撐點（我用了六個），而支撐點的擺放位置需要經過 PLOP 軟體計算（參見 davidlewistoronto.com/plop）。不管是哪種鏡片度量系統，PLOP 軟體都能計算出最適的支撐結構，並預測支撐點的數量不同會造成的曲折角度變化。

當望遠鏡開始向水平角度傾斜時，鏡片邊緣也需要支撐。Mirror Edge Support Calculator 網站（www.cruxis.com/scope/mirroredgecalculator.htm）計算支撐鏡片的角度，來決定要用二點、四點或六點支撐。六點和四點支撐較為穩固，不過二點支撐比較容易製作。鏡片必須要能從上下、前後、左右微調，才能將光線對準至副鏡，這個過程我們稱為「視準」（collimation）。鏡片需要三個大螺絲（螺栓）來支撐，至少其中兩個是可移動的，才能調整鏡片到所需的觀察位置。

2. 建造副鏡筒

副鏡筒是望遠鏡上方的筒狀結構，其中包含平的副鏡片、Telrad 尋星鏡（倍率較小，用來放大視野，尋找目標星體的望遠鏡），以及對焦鏡。副鏡筒是用 CNC 雕刻

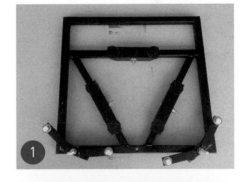

機切割的¾"夾板所製作，外部鎖上T型螺帽，以便使用支架連接鏡室。這個中空的鏡筒構造必須比鏡片寬約½"，對焦鏡的安裝角度要正對副鏡。在副鏡筒中，外型像「蜘蛛」般的副鏡架，則承載著鏡片，並可調整將光線導向對焦鏡上。接著，把厚度僅¹/₁₆"的輕薄Kydex塑膠裁成適當長度，圍在鏡筒內圈，以隔離外界光線侵入。

3. 測量主鏡室到副鏡筒距離

所有望遠鏡裡的主鏡片都有固定焦距，通常為鏡片直徑的4到6倍。將目鏡至副鏡的最短距離，加上副鏡至主鏡的距離，總和即為主鏡片的焦距。

我這座望遠鏡目鏡至副鏡的最短距離為13¹/₂"，主鏡至副鏡距離57¹/₂"，因此焦距為71"，也約等於直徑16"鏡片的4.5倍。

為了測量鏡室與副鏡室的距離，可以製作一個游標卡尺，拿兩木塊置於其滑軌上，並將鏡室與副鏡室置於木塊上以便距離調整，此時用它觀看遠方地平線上的物體，調整兩者距離使目鏡中的影像變為清晰，並仔細地記錄鏡室與副鏡室的距離。

4. 設計鏡盒

鏡盒（mirror box）是放置鏡室的空間，可以用來調整望遠鏡的傾角。我的鏡盒是用CNC雕刻機裁切¾"夾板，再用2¹/₂"的螺絲固定在一起。它最重要的零件是兩旁的半圓形側板，就是兩個連接骨架用的固定處（可以用T型螺帽），還要一個蓋子，在不使用望遠鏡時保護主鏡片。

製作鏡盒其實有點難，因為整個望遠鏡的光學結構（鏡室、鏡盒、骨架和副鏡筒）重心都要在兩側板的中線上，才能保持平衡。如果你發現望遠鏡會晃來晃去，表示鏡盒可能太深或太淺。製作之前，必須先量過所有零件的重量，估算望遠鏡光學結構中心點的質量。組裝完成後，用有花紋的ABS樹脂沿著手臂下緣黏貼當做軸承。用釘書針或裝修釘皆可，但是要確保它們不會突出塑膠表面。跟ABS樹脂接觸的一面使用鐵氟龍片，鐵氟龍的低摩擦係數能使望遠鏡在觀察星空時順暢擺動，同時又不會太光滑而導致自己滑動。

5. 骨架

接下來使用鋁製的薄壁金屬管把鏡盒接上副鏡筒。雖然圓形的金屬管也很堅固，但是用方形的可能比較順手。把方形管依長度裁好，在每根管子兩端都用鑽床鑽一個洞。組裝時，用附旋鈕的螺絲（例如蝶型螺釘）鑽進T型螺帽，組裝每根骨架。

另外，還需要用夾板裁出四個接合板，將骨架兩兩成對固定，並在接合板上加裝卡榫以便加裝副鏡筒，讓骨架骨支架兩兩成對一組，將每組其中一端以接合板固定每一對的其中一端，板子背後都做一個小突起，讓副鏡筒可以安放在上面。組裝的順序從鏡盒開始，將骨架連接上去，再把副鏡筒放在頂部，用螺絲固定所有接合處。

6. 建造旋轉盒和底座

用¾"夾板製作放置鏡盒的旋轉盒（rocker box），裝在1"的鐵氟龍片上方，讓鏡盒能優雅地搖上搖下。旋轉盒的側板不能超出軌道，用邊長1¹/₂"×¹/₂"的金屬片，覆上ABS樹脂，就變成完美的固定器了。要注意盒子的深度必須夠深，鏡盒才能順利往下降。旋轉盒的底部也要塗上一圈ABS樹脂，好在底座上順利滑動。

望遠鏡的底座可以是方形或圓形木材，但必須夠大夠堅固，用鐵氟龍軸承墊組合至旋轉盒圓洞周圍的ABS樹脂上。底座的支點（leg）愈寬愈好，才能在望遠鏡移動時，避免因重量不均而傾斜。我使用滑板軸承組來連接旋轉盒和底座，不過也可以直接用螺絲從中間穿過固定。

7. 蓋上遮光布，大功告成！

組裝完成後，用黑色棉絨包住這座望遠鏡，再用安全別針稍加固定。不要固定死，留一些空間以便需要時脫下絨布，可以圍著鏡室的管徑調整鬆緊（不用整根管子一起調整）。把接合處縫好，順便在布的頂端縫一圈彈力繩，把它固定於副鏡室外圍。最後修剪掉垂到底座的多餘部分。

杜布森望遠鏡有各式各樣的尺寸和形狀，從4"×8"的羽量級到龐大的24"×36"的重量級都有。杜布森望遠鏡的基本運動原理和光學設備都相對簡單，

自裝赤道儀：門板追星儀

文：凱斯・哈蒙德

星空攝影需要一些小工具來輔助，才能精準地計算星空移動的速度來追蹤攝影，不然照片中的星星不是變成條紋就是模糊不清。

你可以幫望遠鏡和相機買個高檔的馬達驅動赤道儀，不過還有更俗擱大碗的辦法：用螺絲或螺紋桿當作螺絲釘，就能自製門板追星儀！把相機放在「門」上，將樞紐處瞄準最北方的北極星，設定馬達配合星空的移動速度，緩慢讓門打開，在相機曝光好幾分鐘、甚至幾小時之後，能得到最清晰的影像。速度可以用微控制器或簡單的電路來控制。

但容我提醒一下，筆直的螺絲釘維持等速轉動時，卻無法維持恆定的角運動。這個現象叫作「正切誤差」。因此，我們來看看最受歡迎的幾位DIY追星儀專業玩家是用哪些方法解決的吧！

類比方案

來自加拿大卑詩省維多利亞市的蓋瑞・賽羅尼克，現為《天文與望遠鏡》雜誌特約編輯，自製了一個輕巧可攜帶的追星儀，能驅動簡單的4RPM直流馬達，並用調壓器來調整旋轉速率（圖**A**）。他在教學影片分享了自己的設計和電路圖（garyseronik.com/?q=node/52），還說到「簡約又有效的DC馬達加上簡易調壓電路，簡直天下無敵！」

賽羅尼克還製作了一個小的轉軸追星儀（garyseronik.com/?q=node/184），用8時帶式絞鍊取代夾板。筆直的螺絲是正切誤差的成因，而他的解決之道是縮短曝光時間，然後用免費軟體DeepSky Stacker「合成」（stack）相片。

想知道如何製作馬達驅動的轉軸追星儀，請上makezine.com/go/hingetracker。

數位方案

來自美國科羅拉多州葛菲的克里斯・彼得森，同樣使用一般螺絲來當追星儀的轉軸，不同的是他用Freescale/Motorola 68HC705C8微控制器編程，巧妙地驅動1.8度步進馬達，在可調整的速度下持續進行角運動。他設定曝光時間20分鐘，使用300mm鏡頭，並且在cloudbait.com/projects分享了自己的設計和原始碼。

大學生大衛・哈許（David Hash，現為航太工程師），就充分利用了彼得森的成果，用Arduino Pro微控制器、1.8度步進馬達以及Pololu步進馬達驅動板，每次旋轉會輸出3,200次步進（圖**B**）。他在Reddit上已經分享了自己的作品和原始碼（makezine.com/go/hash-barn-door）。他將曝光90秒的照片合成，後製出美麗的相片，你可以在上述的網址看到他拍的仙女座星系，還可以到imgur.com/a/GbMaj#0看更多相片。

另外，烏克蘭的艾力克斯・庫茲姆克也設計了CNC雷射切割門板、壓克力齒輪客製化的彎曲螺絲追星儀。他的步進馬達成本才2美元，搭配Arduino Uno液晶螢幕按鍵擴充板，操縱速度時更好用。在makezine.com/go/kuzmuk-barn-door可以找到他的設計與原始碼。

留給製作者很大的空間發揮創意。盡情發揮吧！對了，當你的望遠鏡完成後，別忘了參加附近的天文社團，互相學習更多知識、分享你的熱情！

磨鏡啊、魔鏡！

文：唐納·貝爾　譯：潘榮美

「手磨鏡片」比機器生產的鏡子更便宜，而且光學效果更佳，因此受到大家歡迎。

不過，它也是個很耗時間的專題。要製作8"的手工鏡片，包括把未加工的玻璃塑形與拋光，需要40小時。一開始要用磨塊，鏡片逐漸光滑後，就要用研磨和拋光劑的砂質就要愈細。更大的鏡子，手工磨製的時間相對更久，但是成像效果也更好。如果直接去買面積、品質同等的鏡片，價錢簡直貴得天理不容。

如果你已經躍躍欲試，建議你從小尺寸的開始（例如8"以下），比較快完工，也比較快熟悉磨鏡的過程，之後再朝更大型的專題邁進。你可以詢問附近的天文和望遠鏡社團，看看他們有沒有開手磨鏡片的工作坊。

想下載CNC雕刻用的原型圖檔，以及了解更多資訊，請上makezine.com/go/dobsonian。

SOLAR SAILOR

文：納森・赫爾斯特　譯：潘榮美

成功展開的太陽帆 解決民間太空探索長久的困境

納森・赫爾斯特
Nathan Hurst
《MAKE》雜誌編輯，沒有在寫東西的時候，你可以看到他騎著自製的腳踏車亂跑，或者找地方露營，這兩項活動時常同時進行！

2015年6月7號，在墨西哥下加利福尼亞州天空中的某處，一顆人造衛星悄悄出航，劃過天際，延伸出一片薄色薄膜，像花朵在空中綻放，也像是破繭而出的蝴蝶。這一顆人造衛星名為太陽帆（LightSail），搭載兩層、共190呎長的宇宙神V型火箭（Atlas V）升空，隨後展開，在離地表350到700公里高的範圍

之內進行自由落體式繞行，時間長達十八天。這是累積數十年努力的成果，在航行的過程中，許多科學家和觀察者持續追蹤衛星的位置，並試圖解決臨時發生的狀況。

比爾・奈，以《比爾教科學》聞名的節目主持人）隨即在Twitter上發文：「又一場大冒險要啟航了！」早在比爾擔任行星學

F. Scott Schafer

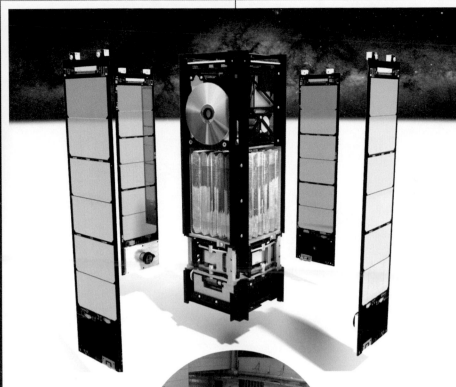

會永久執行長之前，太陽帆專題就已經展開了，但是，太陽帆得以順利航向天際，除了歸功於比爾之外，還有許多太空愛好者的努力支援。太陽帆專題主持人達格·斯提特森表示，這項專題是太空探索很重大的進展，太陽帆非常輕巧，價格便宜，而且能源供應源源不絕，太空載具不再只是NASA等級的巨大載具！

「平價太空探索不再遙不可及，在此之前，我們根本不可能發射這類的小型太空探索設備！」史提特森表示。

有了太陽帆科技之後，我們就可以將小型（而且便宜）的太空載具發射到地球軌道之外，「我們可以預見未來有一天，隨便一個小型組織、大學、學生會、非營利組織都可以發射自己的太空載具，進行所需的太空探索，到月亮、火星或者地球附近的小型星體探勘！」

自製太空探測器

奈、史提特森和行星學會共同在Kickstarter募資網站發起活動，加上個人立方衛星和微控制器這類科技的發展，太陽帆的技術於是臻於成熟。太陽帆的設計是將18.4'×18.4'的帆的表面摺成一

條吐司麵包的大小，放在標準3U尺寸的立方衛星中，展開的動作必須非常精準，才不會傷到4.5μ厚的密拉（mylar，一種聚酯薄膜）材質。展開之後，太陽帆會在軌道上航行不到一星期的時間，然後就會墜回大氣層燒毀。畢竟，太陽帆只是為了前測，即便在最高的位置，太陽帆也不曾飛出低地球軌道之外，在這個高度之下，整個結構還是會受到大氣拉力影響，而受到太陽拉力影響有限。行星學會計劃在明年發射構造相近的太空載具，不過高度接近80萬呎，超過國際太空站（ISS）平均高度的一半，在這個海拔之下，就可以乘著太陽風航行了！在繞著地球運行時，位於地表的工作人員會透過動量輪來控制太陽帆在太陽光子流中的行進方向，比如逆流或順流而行 等等。如果一切順利的話，下一版的太陽帆壽命可以達到六個月，知道動作失去控制之後才會重新墜回大氣層。

推進問題

今年和明年的太陽帆專題都是很大的突破，相信在不久的將來，許多人都可以進行自己的太空實驗了！有了立方衛

想參與太陽帆專題？

除了加入行星學會之外，參與太陽帆專題最簡單的方法就是抬頭仰望天空！在2015年衛星的航程中，行星學會鼓勵大家透過望遠鏡、相機，甚至廣播節目來捕捉太陽帆的蹤跡。

「單是關注太陽帆的行蹤，對我們就非常有意義，等於是一同監督太陽帆得以執行數據搜集等相關任務。」行星學會專題經理達格·斯提特森表示，「確保資料品質至關重要。」

這不只是記錄衛星位置而已，包括衛星的「健康」狀況資訊，都會送到喬治亞理工學院和加州理工大學，此外，不管是在澳洲、日本、阿根廷、韓國都可以獲取相關訊息。

行星學會數位編輯傑森·戴維斯（Jason Davis）表示，本年度最新的探測任務預計在2016年9月進行，行星學會這一次希望能進一步整合觀測者與科學家社群。他們計劃成立任務控制中心（Mission Control Center），提供太陽帆出現的時間與地點訊息，這樣一來，要「逮到」太陽帆就不成問題囉！

如果你也有興趣接觸這個專題，可以嘗試以下幾個方法：

A：觀測
任務控制中心的網頁上（sail.planetary.org/missioncontrol）會公告衛星位置，或者只要從網頁上下載兩行程式碼，放進追蹤軟體裡，也可以隨時掌握衛星位置，接下來，只要準備望遠鏡或長時曝光相機就可以觀測囉！

B：聆聽
你也可以架設一個地面觀測站，接收太陽帆回傳的資訊。現在，民眾可以自由下載免費軟體來接收衛星訊號，只要再買一個專門的USB接收器就行了 ，花不了太多錢！

C：分享
在行星學會的網頁（planetary.org）上，跟大家分享你的觀賞心得吧！

Loren Roberts

星，加上控制儀器的體積日漸壓縮（見《MAKE》國際中文版Vol.22〈太空競賽〉），個人式太空實驗專題真的不再是夢想（好啦，雖然「不再是」夢想，不過也沒有這麼容易！），目前的技術瓶頸在於發射之後保持在軌道運行的動力。

「推進的動力問題一直無法解決，太空梭非常重，需要很大的動力推進才行。」斯提特森表示，「所以太陽帆才如此重要，讓我們得以在立方衛星裡頭裝配推進器。」

傳統的推進器是利用化學原理，換句話說，就是用燃料來產生推動力。即使是太陽帆專題（LightSail）或其他太陽帆（solar sails），起飛的時後還是需要這種推進力。這種動能的好處是加速度快，問題是，燃料本身也很重，而且，燒完之後就沒了。而太陽帆的加速度來自光子的能量，每個光子都會打在反射性表面上，將能量轉換成小小的動量，太陽帆加速不快，但是細水長流，因此，特別適合較輕的太空載具，在距離很長的時候也很合用。

其實，太陽帆專題的概念並不是最近才有。事實正好相反，從伽利略（Galileo，文藝復興時期義大利科學家）的時代開始，太陽帆就是工程師與太空人努力的目標。歷史上有幾波太空探索的熱潮，在我們父母的年代，美國與蘇聯進行了一場太空競賽，當時美國航太總署好像把鈔票往

天空撒那樣，人們對太空探索的進程充滿希望。現在，我們的確還在不斷往前，更棒的是，太空探勘的成本大幅降低了！以太陽帆專題為例，行星學會預估總成本為五百五十萬美元，資金來源大多是私人贊助或捐獻。在進行試飛的時候，他們在Kickstarter網站舉辦了募資活動，結果比預期金額多募了一百萬美元（所謂「成本降低」，也是相對而言啦）。

「事情總是如此，技術還沒有成熟之前，主流資源不會挹注。」斯提特森表示，「即便是像航太總署這樣的大型組織，也要等到這些關鍵技術突破之後，才願意投入鉅額資金。」

這正是行星學會希望跨越的鴻溝，也就是太陽帆專題的最終目的。2016年版的太陽帆不會進行星際探索，也不會有特定的任務，它本身就是一個概念的印證，提供光子打到太陽帆上時的各樣數據。

宇宙射線進場救援

太陽帆總共在軌道上航行了二十五天，航程充滿了各種技術上的突破和失誤。舉例來說，還記得這是個「遙控任務」吧？它的材料其實非常簡單，設計師克里斯‧比帝就用了無刷直流馬達，搭配行星探測用的齒輪組，艾力克斯‧狄艾茲則編寫了PIC控制器，霍爾效應感測器負責追蹤探測，使得操作員得以獲知飛行多遠了，閒

置的時候，則靠渦輪來固定。

不過，遙控任務得以成功，必須得「控制」才行。在專題進行過程當中曾經發生一件事，就是通訊中斷了！有一次，再將資料回傳的時候，突然一切都卡住了，就好像電腦螢幕突然變成藍色，或者像是快速旋轉的沙灘排球一樣恐怖！那個時候，只要衛星經過加州理工學院和喬治亞理工學院上空，這兩所學校與行星學會合作，發射出重新啟動的訊號。

八天之後，太陽帆又重新開始傳送資料了！不過，好像不是在地球上的工程師解決的，是某一道宇宙射線使得衛星上的電子零件恢復規律，偶然使太陽帆再度開始運作。

俗話說：「有圖有真相。」太陽帆不時會將混亂的jpeg影像一點一點送回加州理工學院和喬治亞理工學院，後來，外部面板打開，太陽帆回傳低電量訊號，然後就失去聯繫了。

「整個過程峰迴路轉，」比帝表示，「我還記得到了週末的時候，我還在想說哎呀，怎麼辦，問題都搞不定，爛透了！結果，突然就有人傳訊息來說，欸！它回來了！」

揚帆再起

太陽帆的旅程不過就是幾天，但背後的苦工至少要以十年來計算，行星學會也是一樣，在數十年的旅程中步履維艱，行

Navid Baraty

Navid Baraty

Josh Spradling

Josh Spradling

星學會於1980年由卡爾·薩根、路易斯·弗裏德曼和布魯斯·穆雷創立，原因是當時美國航太總署揚棄了太陽帆專題。於是，行星學會藉由私人贊助，獨立進行太空探索任務（他們也負責進行外星智能生物探尋專題，Search for Extraterrestrial Intelligence，簡稱 SETI）和行星保衛用的隕石追蹤專題。過往中他們經歷各種挫折，有時贊助清算不接，發射專題無法如期進行，射出去的太空探測起也可能在途中夭折（比方說，2005年的太陽帆發射之後，搭配的 Cosmos 1號火箭爆炸，從此太陽帆就音訊全無），唯有技術突破、社會氛圍支持、金援到位諸多條件齊備，太陽帆才有可能升空。

有了Kickstarter、立方衛星，加上比爾·奈和眾人大家鼎力相助之下，太陽帆專題終於得以成功。在太空中，太陽帆的電池趨於穩定，於是，團隊決定開始展開探索，接下來的幾天裡，衛星回傳了許多照片，說明太陽帆確實展開了；接著，又過了幾天，太陽帆的軌道完全亂了，太陽帆隨之解體，確切的死亡時間為美國東部夏令時間2015年6月15日下午1點23分。而太陽帆二號即將在2016年9月發射！◗

文：趙珩宇
協助取材／圖片提供：ARRC 前瞻火箭研究中心

FLY INTO SPACE

飛入太空產業

以模組化為目標的
臺灣自製火箭。

趙珩宇
師大科技所研究生，主攻科技教育，喜愛參與自造者社群活動，希望將自造社群的美好以及活力帶給大家。

「5、4、3、2、1」，2016 年 1 月 31 日，新竹國立交通大學的「前瞻火箭研究中心」（Advance Rocket Research Center，以下簡稱 ARRC）在新竹香山濕地成功發射了該研究中心最新研製的 APPL-9C 雙節小火箭，總長度 2.7 公尺、直徑 15 公分、重量 27 公斤，各次系統採用具高度彈性的實體模組化結構，飛行高度達 1 公里，並成功回收各項元件，為後續的火箭設計與施射取得了重要的資料。

ARRC 團隊是由臺灣幾所大學於 2012 年所組成的團隊，包括了：交通大學機械工程系、成功大學工程科學系、屏科大車輛工程系、臺北科技

大學電子系、銘傳大學資訊管理系，以及國立臺灣海洋大學商船學系等六所臺灣知名的大學，一同以發展臺灣自主研發、製造的載運火箭，以及成功運送衛星上軌道的能力為目標而努力。

ARRC 團隊的火箭計劃將火箭的設計分成兩種類型，第一種就是今年初發射成功的 APPL 系列，主要是採用固態糖燃料火箭推進器，又暱稱為「蔗糖火箭」（Sugar rocket 或 Rocket candy）；APPL 一詞則是由國立交通大學機械工程學系「氣動熱與電漿實驗室（Aerothermal & Plasma Physics Laboratory）」縮寫而成。蔗糖火箭具有安全性高且容易製作的特點，

360度攝影機。

第二節
混合燃料區。

第一節
蔗糖燃料區。

鼻錐罩，裡面放置
了探測用的科學
儀器、WI-FI攝影
機、GPS、航空電子
儀器等

降落傘放置
區，APPL小火
箭不同於HTTP
火箭，為全部
回收。

使用3D列印技
術及研究中心自
製玻璃纖維製作
的外殼。

1

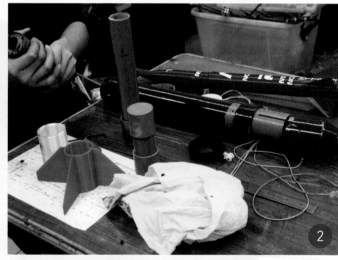

2

且符合團隊低汙染的理念，早在研究初期
與ARRC團隊成立前，他們就以這種火
箭進行實驗，並於2008年6月22日施射
了第一支火箭APPL-0α。後來也陸續針
對失敗處與期望達到的目標進行修正與調
整，做進一步的改良。如2009年6月28
日施射的APPL-2，就是首度以雙節固態
燃料推進器進行測試，年初發射的APPL-
9C則是最新的版本；在APPL-9C前還有
APPL-9A與APPL-9B兩種型號，不過
皆未成功發射。

APPL-9C 模組化火箭

APPL-9A火箭是第一支採實體模組

化結構設計的雙節式小火箭，第一節的
燃料使用了山梨糖醇（Sorbitol）與
硝酸鉀（KNO3）；第二節則採用聚乙
烯（Polyethylene）做為固態燃料，並
以氧化亞氮（N_2O）做為氧化劑，提供
APPL-9系列的發射動力。

APPL類型由於目前設計已趨於成熟，
因此目前多半用來提供HTTP系列火箭
實際製作前的次系統測試，如本次施射
的APPL-9C即以測試今年年中將發射的
HTTP-3大型混合式雙節火箭的多項次系
統，如航電系統、434MHz上下鏈通訊系
統、Wi-Fi下鏈通訊系統、降落傘回收系
統、脫節系統、第二節點火系統等為目的。

註釋： HTTP 系列為混合式火箭
推進器的探空火箭，目前的最新版本為
HTTP-3S，飛行高度超過 10 公里，於
2014 年 3 月 24 日在屏東東部海岸施
射成功。

動手製作小火箭

ARRC團隊除了將APPL系列做為
HTTP型的前導測試外，也希望透過簡單
的動手做課程，提供國、高中生接觸太空
科技及工程的機會，為臺灣培育下一代太
空產業人才。在2012年，他們便與國家實

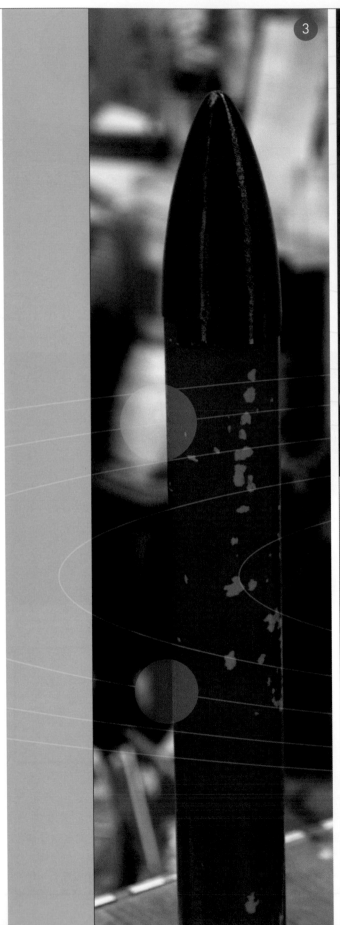

驗研究院國家太空中心主辦的2012全國高中職太空科技探索營合作，設計了教學用的APPL-mini 1小型固態糖燃料火箭。這支火箭的是以隨處可得的PVC塑膠管做為外殼，可以輕易地進行組裝（圖❶），讓國、高中學生也能體驗火箭的發射與製作。

ARRC團隊的資深成員魏世昕同學同時為我們展示了APPL mini教學用火箭的內裝設計。APPL mini火箭分為兩節，前半節設計為降落傘的儲存區以及配重區（圖❷），後半節則是固態火藥的裝填區，提供火箭發射時的動力來源。過去較難處理的鼻錐（圖❸）與火箭尾翼的部分則拜近年來發展迅速的3D列印技術之賜，從過去需要花費許多時間磨製巴沙木，變為由機器代為處理的3D列印件，著實省了不少加工的時間與力氣，也能更精準地進行尾翼設計。

在活動中，固態糖燃料是以已事先配置好的比例與份量供學生進行調製，學生可以透過組裝火箭、調製火箭燃料、以程式計算航程以及回收發射完畢的火箭等項目進行更深刻的學習與體驗，從中瞭解製作火箭的基礎理論，以達到寓教於樂的效果。或許未來這些國、高中生都有機會真正成為火箭開發團隊的一員呢！

除了教學用小火箭外，ARRC也特別利用加壓氧氣與壓克力製作了模擬推進器，以向前來實驗室參觀的學生及民眾解說混合式火箭的構造（圖❹），可說是十分用心。

自造火箭安全守則

在自造風氣盛行之下，許多人會自行於網路上尋找資料，並透過相關資料進行火箭製作。但即使是簡單的自製火箭，在火箭推進器設計、推進與燃料測試、回收設計、大小規劃等方面，都需要將安全性納入考量，才能避免意外的發生，以下針對ARRC提供的經驗分享列舉幾項重點。

發射火箭

火箭的施放與過去風行一時的水火箭有著極大的不同，水火箭由於是先將壓力升至一極大值後進行施放，因此在施放的瞬間其速度會達到極大值；但在真實火箭的施射中，火箭則需要一段時間進行加速，而在這段加速時間內，如果火箭發生偏移的情況，路徑也會跟著改變，這時候準備好適合的發射架就變得非常重要了。在ARRC團隊的發射架設計歷程中，在極度克難的情況下，甚至曾經用曬衣架製作出發射架；不過最新的設計中則換成了便於攜帶與拆卸的鋁擠型發射架，大大的減少了運送時的不便（圖 A）（圖片提供：ARRC）。在發射高度的部分，為了避免影響飛航安全，則都設計在1公里以下。

回收火箭

為了避免回收火箭時發生意外，ARRC所設計的火箭中都設有降落傘放置區，以在火箭落下時做為降低降落速度之用。在降落傘本身的製作上也有許多眉角，通常是使用柔軟的尼龍布做為材料（圖 B）。製作小火箭的降落傘時可以用繩子將角落綁起即可；但若是較大型的火箭就無法以這種方式支撐火箭的重量，因此則需將繩子沿著傘面縫上以增加強度。ARRC團隊還特地添購了數位縫紉機來加快製作速度。

安全距離

針對火箭的製作與發射法規，魏世昕特別提到，雖然臺灣目前暫時無相關規範，但可先暫時參考英國、美國所規劃的火箭發射安全規範，其中無論是發射時工作人員與火箭須間隔的安全距離，或是觀眾的安全距離皆有不同的規範。臺灣目前雖然相關法規還在制定中，但按照ARRC團隊自訂的安全規範，APPL-9C等級的小火箭會將非工作人員安排在接近1公里的地區觀賞火箭發射，以確保安全。

最後，希望讀者在兼顧安全性與趣味的情況下，成功發射自製火箭！關於火箭的實際製作方法，您可參閱《Make》國際中文版第11期中的「自製蔗糖火箭」以及「高效能蔗糖火箭」專題。另外，也歡迎關注ARRC團隊的Facebook頁面www.facebook.com/ARRCRocket，隨時更新臺灣自製火箭的最新情報！

HTTP-3前進宇宙募資計劃

飛入太空一直是人類的夢想，在臺灣則有一群人不單只是將飛入太空視為夢想，而是希望集結臺灣每一位具有共同夢想的民眾，將這夢想化為實踐的動力，期待打造出一枚屬於臺灣的火箭，將眾人的期待打入那無垠的太空中；同時也為下一代的教育努力，期望能為臺灣的工程及火箭發展帶入更多的新血與能量。繼成功發射APPL-9C小火箭後，ARRC團隊預計在年中施射HTTP-3大型火箭，如果各位讀者也懷抱著一個太空夢，歡迎加入HTTP-3前進宇宙募資計劃，一同為臺灣的火箭計劃加油。

更多資訊請見arrc.tw網站。

David Hash and Gary Seronik

文：丹・拉斯穆森　譯：屠建明

NEAR-SPACE PHOTOGRAPHY
with APRS Radio Tracking
利用APRS定位功能拍攝外太空

Dan and Emma Rasmussen

     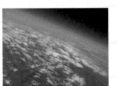

    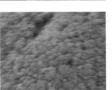

追蹤上升到同溫層的Canon相機，拍攝無垠的太空，再返回地面。

丹・拉斯穆森
Dan Rasmussen
復古科技的收藏家、修繕工和改造者。他和妻子及三個小孩居住在麻州格羅頓市，職業是軟體工程師。

在讀了《MAKE》英文版Vol.24的太空DIY專題後，我和女兒艾瑪受到啟發，想要利用氣球到近太空（near space）進行同溫層攝影。在當時，標準的氣球回收方法是使用寫入程式的手機來傳送著陸後的位置。只是用這種方法，氣球升空後我們就完全無法得知它的行蹤，只有在它破掉、用降落傘著陸，然後傳送訊號之後，我們才知道它的位置。因此，我們想找出方法讓氣球在飛行中即時回報。解決方案

是自動位置報告系統（APRS），這是一種能讓發送器回報位置和其他資料的業餘無線電網路。結合無線電發送器、GPS接收器和一些裝在Arduino開發板的感測器，並且編寫程式讓它傳送APRS封包，就成了Trackuino，一臺可以用來定位任何東西的開放原始碼追蹤器（前提是要有業餘無線電執照）。

接著加裝一臺用CHDK韌體改造的Canon相機來進行自動攝影，你就可以展

氣球裝置

1 氣象氣球
2 降落傘
3 封箱膠帶纏住泡棉密封
4 蜂鳴器
5 暖暖包
6 GPS天線
7 AA鋰電池組
8 Canon傻瓜相機，以CDHK韌體升級改造

9 Arduino Uno微控制器，加裝 Trackuino無線電發送器開發板
10 外部溫度感測器
11 衣架改造的數位天線

成本：500～600美元　時間：2～3週

James Provost

捕更多供應商和零件編號，請參考 MAKEZINE.COM/GO/NEAR-SPACE-BALLOON-CAM。

- » Arduino Uno 微控制器板：Maker Shed 網站商品編號 MKSP11，makershed.com
- » Canon 數位相機，CHDK 相容，具 10GB 記憶卡。我們用的是型號是 A560。
- » Trackuino PC 板，版號 2.2，oshpark.com 或其他線上 PCB 供應商有售。
- » 無線電發送器，VHF 窄頻 FM，高功率，Lemos Int'l 網站商品編號 HX1-144.390-3，lemosint.com。若使用美國業餘頻率（144.39MHz），購買時需提供業餘無線電呼號。
- » SparkFun Venus GPS 晶片，附 SMA 連接器。
- » 電阻，¼W，1%，1206 表面焊接尺寸（SMD package）：6.81kΩ（1）、2.21kΩ（1）、1kΩ（1）
- » 觸摸開關，單刀單擲，常開型，0.05A 12V。
- » 接線盤，表面黏著，5mm：三孔（1）、兩孔（2）
- » 溫度感測器，2.7V，TO92-3（2）
- » 非反相緩衝器 IC，CMOS 邏輯電平轉換器，5TSOP 表面銲接尺寸（3）
- » 鉭電容，10μF，16V，10%（2）
- » 金氧場效電晶體（MOSFET），N 頻道，30V，4.8A，SOT23 表面焊接尺寸。
- » SMA 連接器，母（插孔），50Ω
- » 穩壓器，LDO 型，3.3V 1A，SOT223-3 表面焊接尺寸。
- » 高音量蜂鳴器
- » 束線帶，各種
- » 氦氣，約 100 立方英呎，載重 2 英磅。
- » 氣球，600g。我們採用的是 Kaymont。
- » 降落傘，RocketMan 4 英呎。
- » 降落傘線
- » 衣架或鋼琴線，8 英呎，做為天線
- » 同軸連接器，UHF 母轉接 SO239 母，4 孔面板安裝，附天線用焊杯。
- » 泡棉隔熱板，可於五金行購得。
- » 金剛固力膠
- » 封箱膠帶，寬，顯眼的顏色。
- » PVC 管，長度 1"、12"，用於充填裝置。
- » PVC 管件，L 形，用於黃銅接頭。
- » 黃銅管件轉接頭，轉接 L 形 PVC 管至氦氣調節器。
- » 鐵氟龍膠帶
- » AA 鋰電池（8）
- » 9V 電極夾，附 5.5mm/2.1mm 插頭，將電池組連接至 Arduino。
- » 電池夾，6×AA
- » 電線，Maker Shed 網站商品編號 MKEE3。
- » 暖暖包

工具

- » 執行 Arduino IDE 的電腦，可至 arduino.cc/downloads 下載 Arduino IDE。
- » 可攜式無線電接收器，接收所在地區的 APRS 頻率（北美為 144.39MHz）。我們使用的是具有可攜式電源的舊型 BCT7 Uniden 掃描器。
- » Android 系統，安裝 APRSdroid 應用程式。
- » 音訊插線
- » 可控溫烙鐵，附焊錫及 SMD 相容之尖端。
- » 銳口牙刮匙或類似工具，用於拿取微小零件。Harbor Freight 售有便宜的套件。
- » 電壓計，建議選用可自動偵測範圍者。
- » 電路板夾（非必要），讓工作更順手。
- » 壓縮空氣管，連接至充填裝置及氦氣瓶的調節器。
- » 假負載，僅測試用，額定 1W–2W。
- » 剪線鉗或斜口鉗
- » 刀、鋸

開一場可靠、經濟、刺激、即時的近太空冒險。

我和艾瑪發射氣球的地點是麻州北亞當斯市。在兩小時內，它爬升 94,000 英呎，達到超過 100 英里的地面時速，並且補捉到數百張驚人的照片和影片。在此同時，它還隨時回報精確位置和任務狀況。

以下是自製 Trackuino 系統高空氣球裝置進行同溫層攝影的概要。在專題網頁 makezine.com/go/near-space-balloon-cam 可以找到完整的逐步教學。

自動位置報告系統（APRS）

APRS 是設計來追蹤移動中的發送站的業餘無線電協定。APRS 最棒的地方是，送出封包後，所有的工作就都完成了。因為有世界各地的業餘無線電玩家，幾乎在任何地方都有收聽 APRS 封包的接收站。這些接收站會把封包轉送到網際網路網站，位置、海拔、速度和其他能放進封包的資料幾乎即時的回報。只要前往 aprs.fi，輸入你的無線電呼號，就可以看到資料齊全的即時飛行地圖。任何人都可以即時追蹤你的氣球，甚至幫助你追蹤它。你

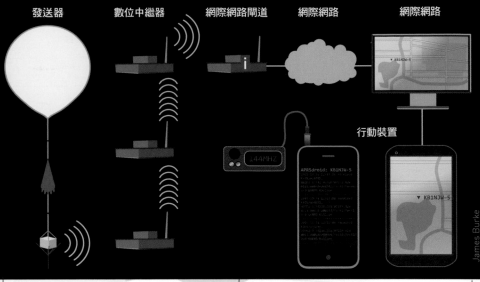

APRS的追蹤原理

APRS業餘無線電網路會傳送發送器送出的數位資料封包,所以你可以追蹤它的位置。

›› 區域性中繼站(數位中繼器)會重新傳送你的封包,增加被有網路連線的站臺接收的機會。

›› 網際網路閘道(iGates)會把你的封包轉送到APRS網際網路服務(APRS-IS)網路。接著網站可以在Google地圖上定位你的發送器位置,任何瀏覽器都能檢視。

›› 在戶外時,你可以用自己的無線電接收器直接接收封包並以Android應用程式來解碼。

發送器　　數位中繼器　　網際網路閘道　　網際網路　　網際網路

行動裝置

James Burke

還可以直接用能夠接收APRS頻率(北美為144.39MHz)的無線電或掃描器來接收封包。這在著陸後很重要,因為在aprs.fi接收到的封包會很接近降落點,但還是要靠自己找到最後的實際位置。

APRS封包以聲音頻率偏移調變(AFSK)編碼成類比頻率,而APRSdroid這個Android應用程式來解碼APRS封包。只要把接收器調到144.39MHz,然後用音訊插線將它傳送到Android裝置就能解碼封包。

TRACKUINO

Trackuino(圖Ⓐ)是結合低功率無線電發送器和GPS接收器以及其他感測器的Arduino開發板,讓你透過APRS追蹤氣球並接收包含GPS位置、海拔、速度、內外溫度和電池狀態等資訊。它還可以驅動一個警笛或蜂鳴器(幫助你在回收氣球的階段找到它卡在哪棵樹上)。

Trackuino的核心是Radiometrix生產的300毫瓦無線電發送器。它由Trackuino韌體(github.com/trackuino/trackuino)控制,定時在當地的APRS頻率播送封包。在地面上,發送器的功率不足以讓接收站收到,除非在同一個地點。而在空中,幾百英里的範圍都能收到。

Trackuino並沒有預先組裝完成的版本,你需要購買電路板,接著動手把元件焊接上去。如果你對表面黏著元件的焊

接(SMD)不熟悉,可以到makezine.com/go/solder-smd閱讀《Make》的焊接初級讀本,並考慮購買一套SMD練習套件。

> 一款名為Tracksoar的新開發板現在提供預購。它是Trackuino更精巧、更輕便也更有效率的進化版。敬請期待《MAKE》的測試心得。

業餘無線電執照

無線電對我們這些滑智慧型手機的21世紀公民而言可能顯得很老派。事實上,從Wi-Fi、藍牙、3G和4G網路,到你的手機都是無線電。瞭解並掌握無線電通訊是非常21世紀的技能。

除了讓你能使用APRS,取得初階業餘無線電執照(技術士資格)會需要你學習無線電科技和電子學的基礎,而這些八成是你本來就想學的知識。市面上有很多學習指南,你可以從美國無線電接轉聯盟(arrl.org)入門。

相機

因為很有可能找不回來,所以我們不想把500美元的相機送上青天。我們需要的是能用計時器拍照和錄影的經濟機型。我們的解決方案是Canon改造開發套件(chdk.wikia.com),它是一款免費的Canon數位相機強化韌體。

便宜的傻瓜相機(我們在eBay上找到

35美元的A560(圖Ⓑ))在安裝CHDK後,可以設定來定時拍照和錄影,例如每5秒拍一張照片、每5分鐘拍30秒的影片,正適合記錄氣球的冒險。

電源

相機至少需要幾個小時的續航力,而Trackuino則需要更長的時間(以免回收過程比預期還耗時)。用鋰電池就可以了,相同的重量可以得到更多電力。Canon A560需要兩個AA電池,而在升空後好幾個小時被回收時它還在運作。

Trackuino可以用4、6或8個AA電池以不同的電壓運作。我們算過:4個的續航力不足;8個的重量太大。我們的Trackuino用6個電池運作超過6個小時,在回收氣球後還剩很多電力。

天線

根據Trackuino網站(makezine.com/go/trackuino-ant)的說明,用回收零件製作簡單的四分之一波平面天線。務必要用駐波比表(和找會使用它的人)來測試並調整天線。這時可以向附近的業餘無線電俱樂部求助。

外殼

泡棉隔熱板很便宜而且很容易使用。用金剛固力膠和顯眼的封箱膠帶來把它組裝成一個輕量、強韌的隔熱膠囊。在裡面放一個暖暖包,因為電子產品不受寒。

Dan Rasmussen

氦氣和氣球

需要多少氦氣呢？這取決於氣球的大小、載重量和你想要的自由升力（載重量被氦氣抵銷後剩餘的升力）。自由升力太少的話，氣球可能只會漂浮（而且破不了），而太多的話則會在上升到有趣的高度前就破掉。我們用的是600克的Kaymont氣球和2.2英磅（1公斤）的負載。用線上的CUSF氣球破裂計算機（habhub.org/calc），我們算出2磅的自由升力是最適合的，可以達到5公尺／秒的上升速率，所以我們需要大約100立方英尺的氦氣來成供上升到90,000英尺。接著把氣球充填到需要的體積，我們的例了是大約直徑6英尺。在它上升的過程中，大氣壓力會下降，而氣球會膨脹。我們用的氣球額定破裂直徑是20英尺！

升空場地、重量及 FAA

我們起初計劃從位於麻州格羅頓市的自家庭院升空，但在參考線上的氣球飛行預測器後，我們發現氣球八成會飛到海上去，所以最後我們選北亞當斯市做為升空地點。最容易使用的預測器在Habhub（habhub.org/predict），而且預測很精準（圖C）。選擇一個安全的升空地點後，要在升空前幾個星期就跟美國聯邦航空總署（FAA）當地的部門聯繫，說明你的計劃，他們需要知道你的升空時間、負載的大小、預計的升空／下降速度，以及氣球的預期路徑。負載不要超過4英磅，否則適用的規定有很大的不同。為了不要花太多錢，把2英磅當做載重目標。如果你的升空地點接近任何小機場，就需要提出飛航公告（NOTAM）。我們的FAA人員引導我們完成這個流程（我發現他們對這個專題幾乎跟我們一樣興奮）。

最後，就是一些基本常識。例如升空前先掃描附近空域有沒有飛行器，等淨空之後再升空。

練習、練習，再練習

這是個很複雜的系統，有很多環節可能出錯。你需要讓發送器和GPS接收器正常運作、天線妥善調整、Trackuino程式正確設定且運作正常、啟動相機並執行CHDK程式，氣球充填正確容積的氦氣，並且把所有的儀器密封在足以進入近太空的溫暖外殼中。

測試相機時，可以在出門上班前把它擺在窗戶邊。測試Trackuino時，把它放在車上進行長途駕駛、請人把它藏在住家附近，然後用接收器和APRSdroid去找它。多和當地的業餘無線電俱樂部互動，我保證他們可以提供很好的建議，甚至出手相助。練習愈多，成功機率就愈高。

升空與追蹤

在升空日，我和艾瑪很早就起床，開兩小時的車到北亞當斯。我們在上午8:45開始架設，到完成所有組裝並升空的時間是9:30。我們有點手忙腳亂，但看它升空真的很震撼，是一天中最精采的時刻（圖D）。

但這只是冒險的開始。氣球升空後，它馬上就進入aprs.fi的網路。我們很快就收到更新：20,000英尺、40,000，接著80,000、90,000。就在我們開始擔心它會一直漂浮時，它從94,000英尺開始下降。在此同時，我們收到來自網路和無線電俱樂部觀察者關於它的去向的建議。如同Habhub的預測，它在航程中有幾次轉向，但最後還是在預期的地點降落。

回收

回收本身也是一場冒險。藉著當地無線電玩家的協助，我們大約6小時後抵達氣球的降落點。衷心感謝所有幫助我們進行追蹤的人，還有拿著電鋸幫助我們走完最後30英尺（那兩棵樹遲早也會被砍來當柴火）的地主佛萊德和約翰。

這是我們這輩子最滿足和最有成就感的經驗之一。

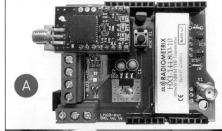

A

B

預測路徑

實際路徑

C

D

在makezine.com/go/nearspace-balloon-cam可以找到完整的專題說明和程式碼、同溫層照片和影片，並且分享你的高空氣球專題。

MAKERS on MARS

譯：謝孟璇　火星上的 Maker

亞當‧薩維奇訪問小說家安迪‧威爾，暢談由威爾的小說《火星任務》改編而成、有如馬蓋先上太空的大螢幕作品——《絕地救援》

《絕地救援》 敘述一位名為馬克‧瓦特尼（Mark Watney）的太空人（麥特‧戴蒙飾演），身處被組員放棄搜索且認定死亡的絕境中，企圖以絕智巧計，東拼西湊地在火星上求生存。該電影的風格清晰幽默，實際應用了化學、電子學、物理學，徹底展現出自造者／太空人不屈不撓的精神。

這場由《流言終結者》主持明星亞當‧薩維奇對上暢銷作家安迪‧威爾的訪談，最初是為了 Tested. com 的《聊天室》（The Talking Room）系列而製作。你可以在 j.mp/talkingroom 上找到完整內容及《聊天室》每一集節目。

亞當‧薩維奇（以下簡稱薩維奇）： 請先說說這本小說的起源吧。

安迪‧威爾（以下簡稱威爾）： 嗯，我可能有點宅吧，我平日沒事就喜歡研究宇航局、太空計劃、載人或無人太空飛行任務。當時我想，我們能否利用現有科技實現載人登陸火星的任務？假如可以的話要怎麼把人載過去，讓他們登陸，又怎麼讓他們返回地球？所以我想出了小說裡那個「戰神」（Ares）任務。

薩維奇： 所以，這本小說就是你對於「這怎麼完成的？過程中發生了什麼？」的思考結果。

威爾： 沒錯。我當時想的是，好，首先該如何展開我心中的火星任務？既然是一趟載人任務，組員就不能隨便掛掉。你必須交代

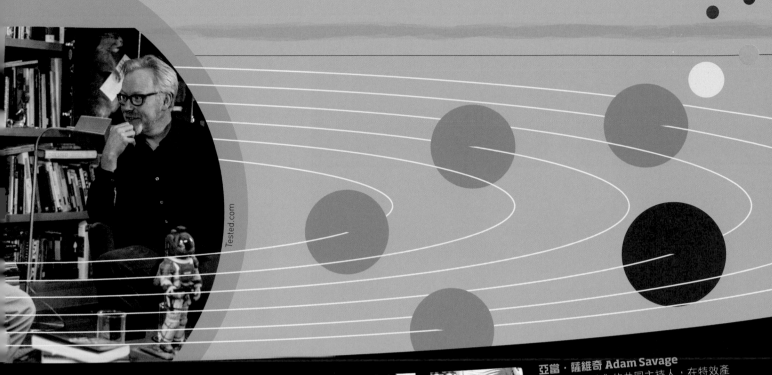

安迪·威爾 Audy Weir

小說《火星任務》（The Martian）的作者，該作品隨後被改編成了電影《絕地救援》。他自稱是個「終身太空宅」，是相對論物理學、航行軌道力學、與載人太空任務歷史等議題的忠實愛好者。

亞當·薩維奇 Adam Savage

《流言終結者》的共同主持人，在特效產業裡擔任藝術家、製作者與模型設計人。一直以來他都蒐集著能實現腦中鬼點子的技巧。

任務失敗時會怎樣？你要如何確保組員生還？你依據什麼原則終止任務？

薩維奇：於是過程中，你像NASA一樣設想最壞狀況；你研究了太空探索的歷史，知道以前NASA是怎麼解決這些問題的？

威爾：是的，有趣的就在於要去設想那些從未解決的問題，而我該如何讓它有解！如果他們前往火星途中就得放棄任務呢？如果他們在太空船上發生重大危機呢？如果沒抵達火星，是否有軌道能讓他們快速返回地球？我考慮了以上種種，以及登陸後可能發生的所有問題。這個可能故障，那個也可能壞掉，若這兩者同時突槌的話，又該怎麼辦。然後我意識到解決方案變得愈來愈少了，我又想，「其實理論上，如果他們做到了這個與那個，應該就能生存」，到這裡我開始覺得這個故事很有看頭。所以我創造了一個倒楣的主要人物，把所有災難丟到他身上。

薩維奇：歷史上有沒有哪件NASA任務真的給你很大的啟發、引導你思考？

威爾：有，阿波羅十三號（Apollo 13）。《阿波羅十三號》電影裡我最喜歡的是他們得自製二氧化碳過濾器的那一段。基本上它就叫「郵箱」（mailbox）。那始終是我最喜愛的電影片段之一。所以我決定用一整本小說的篇幅來講這種處境，這就是我想寫的。

20th Century Fox

Tested.com

我都是先從一個問題下手,自問,「好,現在他要怎麼克服。」我希望每個困難的解決方法,都繼而產生新的問題。

薩維奇:你是否曾寫到一個段落,明明想好了過程與解決方法,卻還是走入了死胡同?你是否曾選了太難修復的路線,最後只好放棄?

威爾:有,而且發生過好幾次。我都是先從一個問題下手,自問:「好,現在他要怎麼克服。」我希望每個困難的解決方法,都繼而產生新的問題,讓整本小說變成一個連鎖故障。每件事接二連三地發生,環環相扣。

太空迷的圖書館

薩維奇:讓我很驚豔的是你描寫太空人的部分。據我所知NASA的文獻資料裡,對一位好太空人需具備怎樣的特質有詳盡悠久的研究。

威爾:太空人就是人類世界裡最出類拔萃的類型,他們太了不起了!你剛才提到「好太空人有何特質?」

如果你要執行一項從頭到尾需一年才能完成的航天任務,你最好找來六位能同心合作的組員。我不太喜歡在看電影或看書時,發現故事裡的太空人團隊彼此關係緊張,有個人議題懸而未決之類的。我一定在心裡嘀咕「才怪,太空人專業得超乎你

想像。」

所以我小說中出現的飛航組員,第一,每個人都有極度專業的知識與技能。每個人都清楚自己的職責。第二,每個人都有絕佳的團隊合作精神。工作不帶個人議題、彼此沒有爭端、也沒有意見分歧。他們極度專業所以相處得來。第三,他們高度信任且服從任務指揮官路易絲。沒有人會質疑她說的任何話,絕對沒有;並非因為他們怕她,而是因為他們對她就是那麼尊敬,全心信任。不管你是在釣魚船或太空梭上,這些條件都是必要的。

薩維奇:你書櫃上到底有幾本參考書,20本、100本,還是500本?

威爾:我只有一臺電腦。想蒐集什麼資料我就Google,然後確認自己的資料來源夠完善。

坦白說,小說裡的火星任務,百分之九十五是參考美國火星學會羅伯特·祖布林(Robert Zubrin)的「火星直擊」(Mars Direct)藍圖。他的構想是把太空梭送上火星,然後使用火星大氣層製造燃料。這就是「就地資源利用」(In-Situ Resource Utilization)。

薩維奇:好的,但這邊我們要先省去一萬五千字的細節。

威爾:是呀。總之祖布林的構想大致是這樣。他在離子引擎發明之前就有了這個構想(電影《絕地救援》裡的太空梭便是靠著離子引擎從地球飛到火星軌道上。不過太空梭從地表升至太空時,靠的依然是傳統火箭)。離子引擎是現實中千真萬確的科技發明,不是為了小說才編造的工具。基本上它是粒子加速器,把氫(argon)高速噴出後,粒子就會獲得相對論質量。

薩維奇:哇嗚,這表示它得先緩慢加速,然後持續加速一段長時間才行。

威爾:對,而且是非常長的時間,也需要大量能量,所以太空梭上必須設有反應器。接著你要以每秒2毫米的速度開始加速太空梭,等它速度上來;如果你持續加速兩個月,速度就會變得無敵快。你需要每秒2.5公里的Delta-V讓太空梭接上火星軌道,後者的運行速率是每秒2,500公尺、也就是每小時5,000英哩(約8,047公里)。

細究日期

威爾：於是我做了模擬，我得拿準發射時限、弄清楚地球與火星的位置、計算地球與火星各自運轉的軌道，讓太空梭順利銜接上火星的速度與位置。

薩維奇：所以你選了某一年？
威爾：我必須選擇明確的「一個日期」。

薩維奇：這真是太棒了，我也希望自己的專題都可以如此精準。
威爾：嗯，因為情節設定的關係，這個任務時程必須與感恩節重疊。所以我在規劃發射日期時，必須讓太空人遇上感恩節，讓真空包裝的感恩節大餐在身旁漂浮；這個設定真的讓我苦不堪言。

專家的意見

薩維奇：讓我們回頭談談第一次有NASA工程師寫信給你的事。那應該是在小說出版前吧？有哪個在NASA工作的人士知道你的小說嗎？
威爾：有啊。我有一些朋友是工程師、科學家，還有人在NASA或噴射推進實驗室（JPL）工作，他們會寫信來給我指教，或告訴我「嘿，做得好。」我特別開心有人會寫信來糾正我，「嘿，你有哪裡算錯了」，這表示我寫的東西經過再次檢驗。

小說中有一個場景是主角瓦特尼必須分解聯氨（hydrazine）以釋出氫原子，接著燃燒氫原子並與氧結合好產生水。這過程不如他想像中順遂……但重點是他最終在一定時間內分解了部分的聯氨並取得了水。

我收到一個化學家的來信，他說：「你提到主角得分解多少聯氨、製造多少水。這部分你沒算錯，」接著又說，「但你之前也提過火星居住艙的大氣壓力

與總尺度，所以我算出了容積；然後你說主角用了多久時間分解聯氨，根據這些逐一計算下來，這可是非常激烈的放熱反應……」他在小說裡找到了足夠資訊，計算出居住艙的溫度會因此升高達400k（kelvin，絕對溫度）；這樣一來瓦特尼早就該掛了，而且是被活活烤死的。小說付梓時我才知道這個問題存在，可惜為時已晚，來不及修改。但我實在服了這傢伙。

薩維奇：談談你第一次與太空人見面的事，那一定很刺激吧。
威爾：我真希望自己記得他的名字。他是在太空梭裡工作的太空人。他說，「我很喜歡你的小說與故事，不過我想讓你知道，其實你可以透過加熱氫氧化鋰濾毒筒，把二氧化碳給烤出來。」我完全不曉得有這一招。我在小說中用了一大片篇幅來談瓦特尼在漫長旅途中隨身攜帶的充氧器。如果我知道能直接把二氧化碳烤出來，就省事多了。

薩維奇：你開始寫下一本書了嗎？
威爾：對，已經開始了，書名暫定為《Zhek》，是一本比較傳統的科幻小說，因此不必要求每個科學細節都正確，也是比較軟性的科幻故事，像是會有外星人之類的。

薩維奇：我等不及要讀了。
威爾：謝謝！ ✦

Hep Svadja

NASA

太空人
生存技巧

文：美國退役太空人焦立中
（Leroy Chiao）

談到求生，沒有人比太空人訓練更精良！以下是我的五個小秘訣。

1.熟背訓練手冊上的「粗體字」（Bold Face）程序，精確執行。
熟背這些救命步驟，因為雖然讓人快速致命的事很少，但依然有。性命交關時，你根本沒有時間查閱手冊的。

2.如果情況並非處於「粗體字」狀態，那麼想清楚了再行動，以免每下愈況。
如果你有時間，務必慎思你的行動可能造成的後果，以及在另一個系統或環境裡可能導致的問題。

3.「先把飛機開好」
最常見的問題是駕駛員顧此失彼，在解決相對不重要的小問題時讓飛機撞地了。任何危難中，要記得有全盤的考量！

4.訓練即飛行，飛行即訓練
沒有什麼比充分訓練還重要。嚴謹地看待你的計劃與緊急應變措施。不斷練習直到成為反射動做為止。這樣一來，即使在軌道切入或降落前後感到頭暈，你還是能完成任務。

5.專注於目標
牢記總體目標！別困在枝微末節中而失去方向。這是任務成功的關鍵。

焦立中 Leroy Chiao
於1990-2005年間服役於NASA。在他十五年的太空人生涯裡，參與過四次太空任務，包含登上哥倫比亞號太空梭（Columbia）、奮進號太空梭（Endeavour）與發現號太空梭（Discovery）。第四次任務中，焦立中是俄羅斯聯盟號（Soyuz）TMA-5太空梭的副駕駛員。他也擔任過國際太空站遠征號10（ISS Expedition-10）的駐站指揮官與NASA科學官。

YOUR OWN MARS MISSION 我的火星任務

文：凱斯‧翰蒙　譯：王修聿

登上火星是人類目前最大的工程挑戰。藉由這些DIY專題來精進自己的
工程技術，也許有天就會獲選成為火星居民。

1.自製離子推進器

製作一臺離子發電機，就能將帶電原子噴出、形成推力，航太總署也是利用這種原理。風險：這個專題牽涉到高壓電，為了安全起見，作業上會需要霓虹燈標誌變壓器（NST），這可不是鬧著玩兒的。離子推進器噴射離子的速度是化學火箭的10倍，可說是近期唯一能加快人類登陸火星的科技了。準備好一些銅管，並到 makezine.com/go/ionic-thruster 參考亞歷山大‧雷夫斯奈德的製作教學。

或是先從賽門‧奎倫‧斐德的小型離子引擎做起，這個專題較小型，也較安全。你可以利用易開罐所做成的范德格拉夫起電機或是傳統映像管電視做為高壓電源，作法詳見 makezine.com/go/ionmotor。

2.火星園藝

若你必須靠著在太空種植馬鈴薯才能活命，最好先在家裡練習栽種。購入一桶500美元的火星模擬風化層（依據你們人類的用詞），來訓練自己的紅色星球園藝技術。JSC Mars-1（來自夏威夷的火山渣錐）和MMS（來自莫哈維沙漠）等組成物模擬了火星土壤的化學性質、磁性條件和礦物成分：約含有50%的二氧化矽，以及豐富的鐵、鋁、鎂和氧化鈣。以目前實驗成果來看，用來栽培番茄和小麥的成效不錯，但豆科植物就毫不領情了。你會想種什麼呢 orbitec.com/store/simulant.html

3.衛星通訊

你若連軌道上的通訊衛星都聯繫不上，你無助的求救訊號根本發送不到地球。黛安娜‧吳教你如何自製八木天線，來收聽衛星廣播（makezine.com/go/yagi-antenna）。接著讓米卡‧哈特帶你熟悉銥衛星（makezine.com/go/iridium）和全球衛星定位系統GPS（makezine.com/go/gps）的製作設定方式。（並翻至第48頁，一探「重新啟動慘遭遺忘的衛星」的精采故事。）

4.太陽能板

有了無線電設備卻沒有電力，又有什麼用呢？若想在危急時發出求救訊號，就會需要充分使用火星所能接收到的微弱太陽能。帕克‧賈丁教你如何自製20瓦的太陽光電板（makezine.com/go/solar-panel），並用菊鏈的方式連接太陽能板和電池組（makezine.com/go/solar-power）。

5.探測機器人

機器人和火星模擬風化層一樣舉足輕重，因為它能自行返回基地，並在你失去意識時，將你的軀體帶進氣室。為製作自主操控探測器，請參考傑森‧薛特在《MAKE》國際中文版Vol.21的Arduroller自體平衡機器人（makezine.com/go/arduroller），他使用的是ArduPilot自動飛行器控制板（切記火星離GPS衛星超級遠）。或是按照尚‧雷根的製作教學，搞出一臺R/C視訊遙現迷你探測車（makezine.com/go/mini-rover），然後千萬別離開氣室。

6.可呼吸的大氣

即使成功殖民了火星，也可能被困在冷冰冰的圓頂基地裡，呼吸著經過加壓的人造空氣，渴望著有天能漫步在溫和宜人的地球化大氣層中。運用電力將水分解成氫和美妙清新的氧，學習製造可呼吸的空氣。你可以使用湯姆‧季默曼的氫氧寶特瓶火箭（makezine.com/projects/hydrogen-oxygen-bottle-rocket）來電解水，火箭在絕望時刻還能用來將遺言發射出去。◐

凱斯‧翰蒙
Keith Hammond
《MAKE》的專題編輯，因為阿波羅計劃而成了太空迷。

1. Alexander Reifsnyder, 2. Wikimedia Commons, 3. Diana Eng, 4. Jennifer C. Rowe, 5. Hep Svadja (left) and Sean Ragan (right), 6. Timmy Kucynda

文：馬修·F·雷斯
譯：王修聿

BE A NASA SPACE EXPLORER

我的火星任務

NASA百年紀念挑戰賽自2005年推出後，已舉辦了20場競賽，並送出了超過六百萬美元的獎金。

航太總署（NASA）在美國聯邦政府擁有特殊權力：「必要時，得與任何個人、企業、法人或教育機構簽訂合約、租契、合作協約或其他形式的交易。」該機構的負責人都是運用這項權力發起特別創業計劃，和小企業簽訂合約，舉辦提供獎金的競賽，以及提供社區志工機會。

百年紀念挑戰賽（Contennial Challenges）可說是航太總署的一大焦點活動，也培育了許多獎金得主和政府簽約成為創業家，包括像是太空人手套（Astronaut Glove）、月球著陸器（Lunar Landing）和無線能量傳輸（Power Beaming）等挑戰得主。

航太總署在2015年發佈了兩項新競賽：

■3D列印居住艙：此競賽發表於灣區Maker Faire，總獎金高達225萬美元，競賽內容是設計建造出適合外空探索的可3D列印居住艙。

■立方任務挑戰賽：此競賽提供五百萬美元的總獎金，期望各參賽團隊設計建造出能夠超越月球距離進行任務的飛行器硬體。其中一個項目叫作「撐最久的立方衛星」，參賽者製作出的立方衛星若能從深空的最遠處聯繫上地球，即可獲勝。

有些挑戰賽的難度是公認地高。航太總署舉辦樣本取回任務挑戰賽（The Sample Return Challenge）就是為了打造出一臺完全自主操控的機器人，能不依靠指南針或GPS導航，而自行分析周遭環境和避開障礙物，還能辨識並蒐集岩石樣本，帶回其任務原點。這項挑戰已經舉辦第四年了，卻仍未出現獲勝者。

航太總署也發起了一些小型計劃。

航太總署錦標實驗室（The NASA Tournament Lab）是一個資訊交流頻繁的入口網站，提供能討論並解決軟體程式碼問題的平臺。

國際太空應用程式挑戰賽（The International Space Apps Challenge）是很熱門的程式設計馬拉松，舉辦時間不固定，由各遠端合作團隊互相比賽，完成各種太空探索相關專題。有個有名的優勝者，就是將航太總署取自深空探測器的「VICAR」圖檔，轉成更常見的格式——立刻公開了整個先前從未分享給大眾的圖像資料庫！

此機構還有更多創業型計劃，包括小型企業創新研究獎助計劃（Small Business Innovative Research Grants），最近有個私人團體運用該計劃，將一臺3D印表機送上了國際太空站。各位未來的太空居民若欲知道這些計劃的相關資訊，請詳見航太總署的網站：nasa.gov/solve。

在2009年的無線能量傳輸競賽，一名繫纜操控員準備要接住雷射驅動公司（LaserMotive）的舉纜機器人。該團隊獲得第一名的成績，拿走了獎金900,000美元。

2009年太空人手套冠軍（獲得獎金200,000美元）彼得·荷馬（Peter Homer）正在展示他所製作的手套。

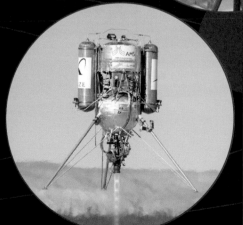

2009年舉辦於加州莫哈維的月球著陸器競賽，麥斯坦太空系統公司（Masten Space System）的登陸載具索伊（Xoie）降落在B號發射架座，贏得了1,000,000美元。

馬修·F·雷斯
Matthew F. Reyes
最喜歡和航太總署分享自己對地球和太空的探索成果，並幫助其他探索夥伴。他的蹤跡可見於GoPro、火人祭、科技派對營和Maker Faire。

NASA

DIY SPACE PROGRAM

太空專題 DIY Maker們正在自行打造通往外太空之路——你也可以

譯：王修聿

AV與高度
控制區

Y軸

X軸

燃料桶

液壓輔
助轉向
系統區

旋轉與
長機枸盪器

重新啟動慘遭遺忘的衛星

2014年，一支國際駭客組成的核心團隊，開始嘗試重新和一架船齡36歲且已遭美國航太總署（NASA）遺棄的太空船連線。這艘太空船是1978年發射的ISEE-3裝有簡單的繼電器電路，能觀察太陽活動對地球磁場的影響。

向群眾募資到160,000美元後，該團隊開始重新學習「迪斯可年代」的衛星指揮控制通訊協定。在過程中找到了探測器過去的操作手冊、退休專家和開發完成的現代軟體定義的無線電元件。他們還將任務控制中心建置於加州山景市裡一間廢棄的麥當勞餐廳。

隊員成功聽取訊息、指揮並操控太空船長達數週——此項成就連航太總署的老鳥都驚嘆不已。接下來，在2014年7月24日，老舊的推進系統燃料用罄，團隊因此無法改變探測器軌道。9月25日時，太空船停止運作，可能是因為太空船倚賴太陽能，但船體卻距離太陽愈來愈遠。

希望並沒有因老舊的系統而完全破滅。當年度的世界Maker Faire上，ISEE-3專題共同主持人凱斯·考溫點出了一項重要發現，也就是即使在深空度過了40年，太陽電池和積體電路的狀態幾乎和首次啟動時一樣好。這代表太陽系的長時間探測在現今是有可能的，而且運用的電子設備不僅花費不高，也容易取得。——馬修·F·雷斯

貨真價實的火星農夫

在火星地表岩屑層層種植作物只是太空農耕研究的一環（見第46頁「火星園藝」）。安娜麗莎·保羅和羅勃·法洛都是植物科學家暨佛羅里達大學教授，他們模擬外星條件，研究植物如何適應並存活於外太空。

身為他們實驗室研究助理，我學習到如何在航太總署KC-135嘔吐彗星」因拋物線飛行產生的微重力環境中，調整植物的基因，並在氣壓較低且不同氣體組成的環境下栽培植物，包含在火星上所發現的氣體。

加拿大貴湖大學獨特的光與氣壓實驗室裡，有項有趣的意外發現。某一深夜，著手進行某項氣體組成實驗之後，我和同事喬丹·卡拉漢發現溫度是對的，但氣壓設得太低——那是幾近火星的氣壓！我們丟掉了枯黃且脫水的植物，並重做實驗。

翌日早晨，我們驚喜地發現，受波及的植物在葉部展現綠意，細胞也重現生機。我們瞭解到，若火星上的溫室因沙塵暴或其他事故遭到破壞，有創新精神的太空人Maker也能拯救作物和太空船員。

——馬修·F·雷斯

哥本哈根次軌道

卡麥隆·史密斯是一名史前學家,他不斷地在研究過去,卻也從未停止展望未來。2008年時,他決定要想辦法「藉由自己就能建造的設備,飛離地球表面愈遠愈好」。欲望化為行動的結果就是「打造一套機能性壓力衣」。

儘管他毫無工程方面的經驗,他仍想方設法完成專題。「他利用了基礎的研究設計原則,更憑著一股狂熱與執著,來解決所有技術性的問題,然後成功完成了太空衣。」他和哥本哈根次軌道設計了一套「能維持壓力、調節溫度且穩定供氧」的太空衣。

他靠著毅力製作出五種壓力衣,最近製作的那一套是柴法德一號。他希望能在今年利用實驗氣球進行高緯度飛行,來測試這套太空衣。——妮可·史密斯

DIY專題:
美妙的夜空縮時攝影

拍攝夜空十分困難,以縮時拍攝星星在天空中移動,更是難上加難。熟悉完美夜拍的理想設定,包括光圈、快門速度、ISO設定,並學習如何將這些照片組合成美麗的縮時攝影,展現夜空星光的燦爛。makezine.com/go/night-sky-time-lapse

——妮可·史密斯

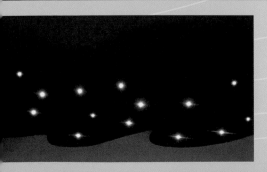

DIY專題:
LED星空

用這個LED裝置,在家就能享受星空的寧靜與光輝。可以只利用一小塊天花板的面積來展示,也可以多加幾塊LED板,讓整個房間熠熠星光。嘗試不同的形狀和顏色,打造獨一無二、日夜都能享受的星系。makezine.com/go/led-starry-sky

——妮可·史密斯

更多的太空Maker

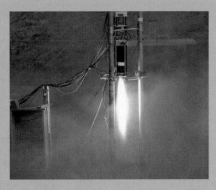

這些團隊都在研發能減少探勘成本的最新技術,也同時替每個人打開了通往太空的大門。——馬修·F·雷斯

太空製造／小小工程師:製作了國際太空站上第一臺3D印表機:futureengineers.org、madeinspace.us

無限繫纜公司:研發出微波爐大小的回收推手,這是由航太總署所補助的回收設備,能回收國際太空站上的3D列印廢棄物:makezine.com/go/positrusion

波士頓大學火箭推進團:正在推廣他們在網路募資的混成燃料火箭,能夠裝著100磅的酬載飛至43萬5千呎高,做為次軌道使用:burocket.org

終極望遠鏡:一臺能在世界各地打造並使用的機器人望遠鏡,價格遠低於市面上的選擇。適用於一般家用,其自主操控功能亦適用航太總署研究專題。這是由太空自造局的子團隊所創:openspaceagency.com/ultrascope

KickSatII衛星:康乃爾大學博士查克·曼徹斯特打造出最小的衛星,並將之應用在史上最大的單次衛星配置。KickSat第一次嘗試受到輻射突波干擾,第二次發射現在已經過核准。makezine.com/go/kicksats-second-attempt/

SpaceVR.co
正在研發可3D列印的虛擬實境攝影設備,能替使用者帶來置身太空的全景效果,只要使用者擁有Oculus Rift顯示器、Google Cardboard顯示器,或其他虛擬實境裝置即可一覽外太空:spacevr.co

NASA, NASA, Jev Olsen, Ron Risman – TimelapseWorkshops.com, igisha, and Boston University Rocket Propulsion Group

如何偵測毀殺手級小行星
HOW TO DETECT KILLER ASTEROIDS

文：凱斯·翰蒙　譯：王修聿

提早發現行星軌道，拯救地球免於毀滅！

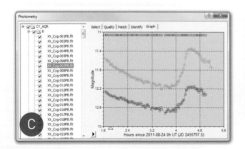

凱斯·翰蒙
Keith Hammond
《MAKE》的專題編輯，因為阿波羅計劃而成了太空迷。

地球上的生命會因小行星撞擊而燃燒殆盡——這是無可避免的，除非我們能預測小行星什麼時候襲來。

科學家每年發現約一千個近地天體，但那還不夠，因為在外太空還有數百萬個這樣的天體。功能強大的新型望遠鏡哨兵號將於2019年啟用，並帶來一百倍的發現，但在那之前，我們幾乎只能盲目飛行。

我和來自東灣天文學會的嚮導傑若·麥基根，在奧克蘭夏堡太空科學中心36"折射式望遠鏡Nellie旁，度過了一個醉人的夏夜。他讓我知道偵測小行星不是一件簡單的事。下面有四種方法可以幫助我們開始偵測小行星，為保衛地球盡一份心力。

使用望遠鏡找出新發現

將一部品質良好的望遠鏡對準上空，設置好自控電動雲臺以追蹤星場。10"的孔徑能偵測星等19或20至21的星體。

用數位相機拍攝5至10張照片，並稍候數分鐘，再拍另一組照片。肉眼看不見照片中的小行星，因為大部分的近地天體都太暗了，所以為了提供足夠的數值，必須在影像處理軟體「存放」至少5張照片。Astrometrica天文測量軟體專為小行星偵測（圖A）所設計，使用的是FITS圖檔格式，所以得先用以下網站所附的其中一個程式轉換你的影像檔：http://fits.gsfc.nasa.gov/fits_viewer.html。

現在尋找會動的小光點！如果你有新發現，天文測量軟體就會自動以email發送報告至航太總署的小行星中心。也許你看到的是某顆已知的小行星，或是太空廢棄物，或者説不定是發現了新的近地天體。

利用網站找出新發現

沒有優良的望遠鏡嗎？到行星大觀園上瀏覽吧！這是由航太總署和小行星發掘公司行星資源合力完成的網站。在網站上（圖B），任何人都能瀏覽上千張既有的星圖影像，然後一樣能尋找會動的圓點。若找出一個圓點，就可能是發現了科學史上前所未聞的小行星！

證實行星的運行軌道

科學家需要更多的數據，來瞭解已知行星的運行軌道和速度。將望遠鏡瞄準以下網站的精選近地天體：minorplanetcenter.net/iau/mpc.html。接著用天文測量軟體分析你的照片，再將報告回傳至小行星中心。麥基根和我追蹤了發現於2014年6月的小行星K14M05P，並證實了它在一個靠近地球並且具威脅性的運行軌道上。

描述行星的特徵

若要用核武攻擊一顆致命的太空巨石，必須知道巨石有多大，以及它如何運轉。分析小行星的光變曲線，也就是小行星隨著時間的亮度波動，就能瞭解其自轉周期，甚至能推算出尺寸大小、質量和凹凸不平的外型。循著以下網址的教學：minorplanet.info/ObsGuides/Misc/photometryguide.htm，使用天文測量軟體或更強大的軟體，像是MaxIm-DL（圖C）或是MPO Canopus。接著上傳你的光變曲線圖到小行星中心的網站（minorplanet.info/call.html），這麼一來你説不定就拯救了你最愛的地球。

Earth Science and Remote Sensing Unit, NASA Johnson Space Center and Juliann Brown

Skill Builder

你需要的有趣資訊和小祕訣都在這裡

文：喬登・邦可
攝影：赫普・斯瓦迪雅
插圖：吉姆・帕克
譯：謝明珊

喬登・邦可
Jordan Bunker
《MAKE》的技術編輯。他是一位博學多聞的全方位人才，喜愛操控點子、原子及位元。你可以在他奧克蘭的地下工具間裡找到他。

準備好提升你的技能點數了嗎？這些久經考驗的技術以及專家祕訣將幫助你輕鬆征服下一個專題。

線性穩壓器

任何需要穩定輸入電壓的專題，絕對少不了穩壓器。穩壓器可以把不穩定的輸入電壓，轉化成穩定的輸出電壓，但前提是輸入電壓必須大於輸出電壓。如果你的專題需要特定電壓，不妨考慮下列幾種方式：

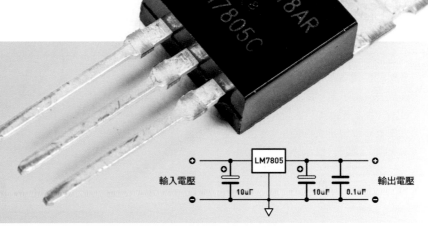

固定電壓—LM78XX

LM78XX系列的線性穩壓晶片大受歡迎，這是有原因的。不僅價格便宜，也方便使用，不太需要其他零件，其內建電路防護裝置可防止電流過度消耗。LM78XX分成好幾種型號，後兩碼表示電壓輸出大小，例如LM7805的輸出電壓為5伏特，LM7810則為10伏特，LM7824則為24伏特。

$$R1= VIN/(最大齊納額定功率/齊納電壓)$$

$$V_{OUT} = 1.25(1+ R2/R1) + I_{ADJ}(R2)$$

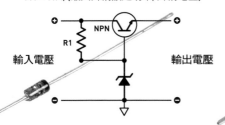

固定電壓—齊納二極體

正當專題進行到一半，你才發現線性穩壓器用光了。該怎麼辦呢？如果手邊剛好有適合的齊納二極體和電晶體，不妨參考上述電路圖自製穩壓器。最後輸出電壓會比二極體電壓少個0.6伏特，因為電晶體會耗損發射基極的電壓。

變動電壓—LM317

當你必須調整穩壓器的電壓輸出，LM317就很適合你，這很類似LM78XX系列，只是多了調節接頭，可改變電壓輸出大小。在電路加上電位計，即可控制風扇轉速或調整電壓供應。

散熱器

穩壓器的降壓愈大，零件愈需要散熱，以免過熱燒壞，所以千萬要記得使用散熱器！

雷射

「雷射（laser）」這個詞是「受激輻射之光放大（Light Amplification by Stimulated Emission of Radiation）」的縮寫。雷射的用途很多，包括在光碟上寫入資料、切割材料，也可以單純用在雷射筆上。以下我們要討論的是兩種常見的雷射和它們的原理。

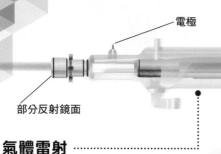

電極　　　　　　　　　　　　　　　　　　電極

部分反射鏡面　　　　　　　雷射氣體　　　　　　完全反射鏡面

氣體雷射

氣體雷射由兩端裝有鏡面的氣體管構成，其中一端的鏡面為完全反射，而另一端為部分反射。當氣體管被電場激發時，氣體的原子中的電子會（1）躍升到更高的能階，接著（2）立刻回到原本的能階。回到原本能階時，多餘的能量會以光子形式釋放，（3）產生光。這個光線會在兩個鏡面之間反射，構成光線的共振腔，每一次的脈衝都會增加光線的強度，而當光線夠強時，就會穿透反射性較低的鏡面。

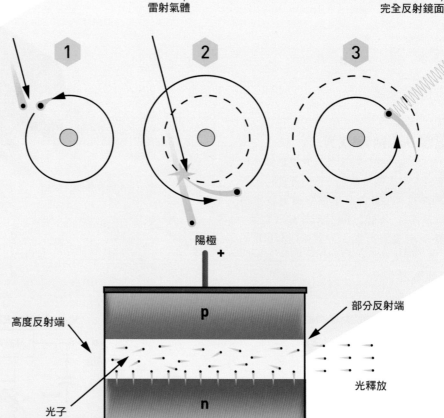

陽極　+

高度反射端　　　　p　　　　部分反射端

光子　　　　　　　n　　　　光釋放

陰極　-

二極體雷射

二極體雷射其實原理和氣體雷射很像，但以特殊的半導體材料取代氣體，由通過半導體的電流產生光，並且在裝有鏡面的腔中共振，直到強度提升到足以穿透的程度。結果所產生的光線在離開晶片後會快速發散，所以用一個鏡片來瞄準光線，使光線平行。半導體的使用讓雷射裝置體積更小，而且較不脆弱。

雷射二極體　　瞄準鏡

顏色

因雷射介質（雷射管中使用的氣體或半導體）的不同，雷射會有不同顏色的光。這是因為不同的雷射介質中的電子會釋放不同波長的光子。對二極體雷射筆而言，雷射會通過多種材質來改變釋放的光的波長，產生不同的顏色。雷射的顏色其實和雷射的強度無關；不同顏色的雷射也可能有相等的功率額定值。

雷射光

因其產生的方式，雷射光是單色的，只含有一種波長的光。雷射光也是同調的，也就是每一個光子都是同相的。這些特性讓雷射光和自然光不同，因為自然光通常為多色分光且不同調。

安全性

並非所有的雷射都是相同的。有些雷射可以讓任何人使用，而也有一些在誤用時可能造成嚴重燒傷或失明。美國食品藥物管理局（FDA）和國際電工委員會（IEC）根據潛在傷害對各種雷射進行歸類。

注　意

雷射輻射
勿直視光線

等級2雷射

所有2級或以上之雷射須具有與上方相似之標籤

等級		危險性	例
IEC	FDA		
等級1/1M	I	**「正常使用無危害」** 正常條件下可安全目視，但若透過望遠鏡等光學輔具目視可能導致危害。	雷射印表機、CD播放器、DVD播放器
等級2/2M	II, IIa	**「勿直視光線」** 任何條件下意外*目視為安全之可見雷射，但直視光線或透過光學輔具目視可能不安全。	條碼掃描器
等級3R	IIIa	**「避免直接照射眼睛」** 此等級之雷射被認定為低風險，但若直接目視或直視光線可能造成危害。若透過光學輔具目視則增加傷害之風險。	雷射筆
等級3B	IIIb	**「避免所有光線直射」** 此等級之雷射可能對眼睛及皮膚造成危害，但目視擴散之反射為安全。	雷射光秀投影機、研究用雷射
等級4	IV	**「避免眼睛及皮膚暴露直射或散射之光線」** 此為最高等級。此等級之光線足以使物質起火，且目視光線之擴散反射亦可能造成危險。	工業雷射、手術用雷射

*若遇意外暴露，人體的眨眼反射可將暴露時間降低至約0.25秒。

壓克力

壓克力是完美的塑膠材料，適用於各式各樣的專題。壓克力分成透明和彩色兩種，可接受機器切割和雷射切割，或者加熱後彎曲成任何形狀。

壓克力的種類

壓克力板的製作分成擠出（extruded）和澆鑄（cast）兩種，外觀可能看似相同，但使用者仍可根據專題類型，挑選最適合自己的種類。

擠出型壓克力

擠出型壓克力的熔化溫度，比澆鑄型壓克力更低，很適合在雷射切割器進行向量切割，卻不適合磨製或鑽孔。

澆鑄型壓克力

說到雷射雕刻，以澆鑄型壓克力為佳，因為雕刻痕跡會是雪白色，跟壓克力其他區域形成對比，擠出型壓克力也有清楚的刻痕，但對比就沒有那麼明顯。

彎曲壓克力

只要有平板型加熱器在手，就可以加熱壓克力，彎曲成任何角度。直接購買現成的加熱器所費不貲，但不買也是可以的，如果家裡有烤箱，溫度大約設定成200度，烤箱門微開著，把等著彎曲的壓克力卡在門上，靜待壓克力變得夠軟，再彎曲成想要的角度，如果家裡沒有烤箱，不妨用熱風槍加熱壓克力，但無論哪種權宜之計，壓克力都要靠著木塊或金屬塊彎曲，角度才會平整。

火焰拋光

如果壓克力板切割後邊緣不平整，你可能要用到火焰拋光，這需要練習才能做得完美，以丙烷焊槍或MAPP焊槍，在壓克力板邊緣來回燒過，稍微熔化就會呈現透明拋光，但切忌黏合拋光過的邊緣，否則黏著處可能不夠牢靠。

彎曲小壓克力板

如果要彎曲又小又薄的壓克力板，不妨利用長條形的烙鐵做為最初的加熱片，先把鐵柄插入防熱套中，再以小幫手工具固定住烙鐵上面的焊料，千萬要保持警覺，畢竟你不會希望壓克力整個垂放在焊鐵上。

切割壓克力

若是直線切割，你會用到壓克力切割刀，有筆直的邊緣做為參考線，把刀子拉向自己，就會留下刮痕，再沿著相同的直線來回刮動，接著把壓克力板置於桌子的邊緣，輕快的折成兩半。

你也可以用傳統切割工具，例如線鋸、帶鋸或桌鋸。高齒數塑膠切割刀也適用於上述工具，建議使用。

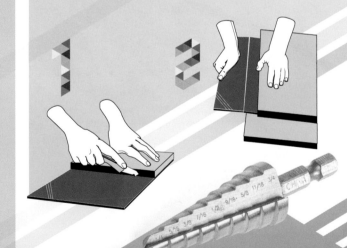

黏合壓克力

壓克力通常是使用溶膠，例如Weld-On 4。壓克力黏合流程比較特別，先軟化表面，再以化學物質黏合。

以溶膠黏合壓克力，通常會用到擠壓瓶，上方附有針頭。把壓克力置於你偏好的邊緣，針頭置於兩片壓克力的接合處，輕壓瓶子並拉向自己，毛細管作用會把溶膠弄到接合處，把兩片壓克力固定幾分鐘（建議使用夾具），讓溶膠乾燥10～15分鐘才可移動，24～48小時後接合處就算穩固了。

不過，以溶膠黏合雷射切割而成的壓克力板，可能會產生裂痕，因為壓克力溫差會造成內部壓力。為了避免裂痕產生，把壓克力置於大烤爐（不是你廚房的烤箱）玻璃板上，每1mm厚度以82℃烤1小時，然後自然冷卻。這可以冷卻並釋放內部壓力。

在壓克力上鑽孔

如果你以傳統金屬或木頭鑽頭為壓克力板鑽孔，可能會產生裂痕。如果壓克力板很薄，建議改用階梯式鑽頭，但如果壓克力板夠厚，就可以安心使用傳統鑽頭，記得在鑽孔附近鋪上紙膠帶。如果鑽孔特別厚，不妨利用WD-40做為潤滑劑，方便移除碎片和散熱。

電木萬用板

若你已經使用麵包板完成一套電路，但還不需要製成印刷電路板時，你可以考慮做個電木萬用板。電木萬用板的種類繁多，最常見的電木板有兩種，分別是圓點和直線，差別在於背面的銅片排列方式不同。

圓點電木板

大多數人聽到電木板時，都會想到它有著許多導通的孔。顧名思義，每個孔都被一圈銅片包圍。通常都是使用焊錫或電線（也可彎曲零件的針腳來代替）來橋接每個孔。

雖然這些接點看起來有點凹凸不平，但實際上以焊錫橋接時，這樣子是正常的。

隔離柱

隔離柱雖然時常被忽略，但當你需要替電木萬用板裝設外殼時，它卻非常好用，更可提升成品的專業度。此外，也能避免裝在金屬外殼中的零件因誤觸外殼而短路。

規劃

若你從來沒設計過複雜的電木萬用板的話，一開始的難度也許會有點高。幸好，有些方法可以讓你在開始製作前先進行設計，讓之後的製作難度能低一點。

比較土法煉鋼的方式是在方格紙上畫出電路原型，先畫下模組電路中零件擺放的相對位置，針腳則畫在線與線的交點，每個交點都可視為是電木板上的洞。零件畫完後，再畫每個零件的接線。儘量以直線、45度或90度的線條來設計接線，便可讓你的設計看起來更簡潔整齊。若需使用跳線，請以不同的顏色來區分。若你使用的是直線電木板，畫個圈以表示要跳線的點。

另一種比較現代化的方式則是使用專門規劃電路的軟體，這類軟體有許多種，在此特別推薦Fritzing。不管是規劃圓點或直線電木板上的電路都沒問題，在Windows、Mac OS X及Linux系統上都能使用，歡迎至fritzing.org下載。

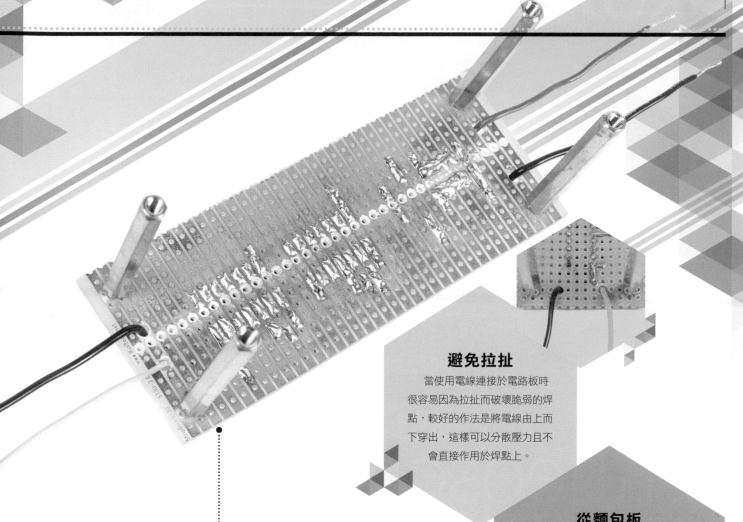

避免拉扯

當使用電線連接於電路板時很容易因為拉扯而破壞脆弱的焊點，較好的作法是將電線由上而下穿出，這樣可以分散壓力且不會直接作用於焊點上。

從麵包板到直線電木板

當你已經在麵包板上接好電路時，便可以輕易地將相同的線路規劃轉移到直線電木板上。你可以購買與麵包板有著相同方向銅條的電木板，或是將長的銅條切割成較短的銅條。這種方法可讓你更輕鬆地將試接電路轉換成固定電路。

直線電木板

這種電木板以平行排列的銅條來連接板上的孔，可不需用電線來連接不同的零件，也可像圖片中所示，用鑽頭將銅條隔開（見下方「斷開銅條」）。將零件巧妙地擺放加上技巧性的切割，可以大幅減少電路板上所需的電線，以便做出更精簡的電路。

切割電木萬用板

大部分的電木萬用板是由紙和酚醛樹脂層壓製成，這類材質可承受焊接時的高溫，但很容易因裁切而碎裂。雖然可以使用傳統的切割工具像是帶鋸、線鋸機，不過更簡單的方式則是割線後再折斷。先用銳利的刀子在板子上下兩面割出折線，再將板子放在桌子邊緣沿著折線大力折斷。如果你在一排孔洞中間割出折線，由於沒有銅條的關係，可以讓你在折斷板子時避免碎裂。

斷開銅條

如何技巧性地將銅條斷開是在使用直線電木板時的一個重點，雖然有許多工具可以完成這項任務，但4mm或$^5/_{16}$"的鑽頭就非常好用了。將鑽頭壓在你想要斷開的孔中，轉動鑽頭直到銅片完全清除後，這樣就完成了！

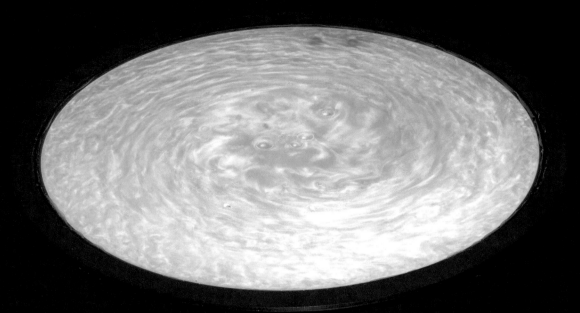

「液流」咖啡桌

Rheoscopic Disc
Coffee Table

文／班・克拉斯諾　譯／謝明珊

打造出
能呈現液體
流動狀態的
迷人液體
轉盤。

班・克拉斯諾
Ben Krasnow

任職於專門打造高階原型機GoogleX的實驗
室，也曾在維爾福（Valve）開發過虛擬實境
裝置。若想知道更多他的專題，不妨去參觀他
的YouTube頻道：youtube.com/bkraz333。

我有次去參觀匹茲堡（Pittsburgh）的卡內基科學中心（Carnegie Science Center）時，看到令我吃驚的互動式液體裝置，讓人可以清楚地看到旋動與翻騰的紊流。一個直徑3呎且深約2吋的圓盤內裝滿液體，並以堅硬的玻璃當作頂蓋，下方的餐桌轉盤可讓參觀者轉動圓盤，以便產生漩渦，令人看得目不轉睛，參觀者皆在此駐足幾分鐘，只為了欣賞那透著珍珠光澤的流動液體。

我回家後立刻做了一個類似的圓盤，並放在我自製的木頭咖啡桌上。我還曾在灣區Maker Faire展示過這桌子。本文便是教導大家如何利用簡單的零件，並在一周內花上些許時間即可製作出自己的液流圓盤（圖A）。

重現漩渦

圓盤裡的液體是水、著色劑和結晶粉末的混合物。這些結晶是微小且扁平的閃亮薄片，通常會順著液體的方向而流動，就像隨波逐流的原木一般。若換成紊亂的水流，例如流向不明且毫無秩序可言的湍流，其中會有許多漩渦，水晶仍能完整呈現出這些現象，讓你看得一清二楚。液體的流動方式有時會很有規律，因此同時反射光線時看起來會非常耀眼，但有時則無法反射足夠的光線，只會在擾動的狀態下閃爍，這又稱為液流，表示單純呈現液體流動的狀態。

當圓盤快速旋轉，進而翻攪液體後，結晶會持續漂流5分鐘左右。這漩渦會令人聯想到土星和木星的大氣層中那不斷盤旋的風暴雲，甚至是銀河系的漩渦臂，但這些現象大都是重力造成的。

但重力對於液流圓盤中的渦流作用並不大，反倒是液體分子間的摩擦力以及容器壁的接觸，導致水分子彼此碰撞。所以當流速快與流速慢的液體接觸時，其分子會選擇可以迅速通過的路徑，就像為了穿過人牆而不斷改變路徑的人一樣。

有趣的是，這些滑動的分子有兩條路可走，分別是平靜的層流與紊流，但只能選擇其中一條路線，你可從圓盤中一探究竟。先讓圓盤靜止，再以固定的速度旋轉，你會發現中間的液體流速會比較穩定，但愈外圍則愈混亂。不過，在平靜與紊亂間有個明顯的分界點，一旦隨機發生小擾動時，有一個液體分子開始不穩定，周圍分子也會跟著被影響，進而擴大紊流的範圍。當平靜穩定的水流再也無法抗拒擾動的正反饋迴路（positive feedback loop），便產生分界點。

工程師懂得預測液體何時會從層流轉為紊流，舉凡液體的黏性、速度、容器大小或周圍物體都可當做判斷依據，讓生活中許多物品可達到最佳表現。以高爾夫球上的坑洞為例，球體旋轉時空氣阻力會變小，因為坑洞會造成空氣紊流，反而比空氣層流更不影響球體飛行。因此無論是設計船、油管、飛機或直升機，或任何會碰到流體的物品，務必要瞭解究竟如何產生紊流。

這個專題中所製作的液流圓盤，恰巧與實驗室中用來研究流體力學的工具非常類似，此外也很吸睛，可獨立展示出科學之美，或是像我一樣裝在咖啡桌上。

1. 做出開口

把旋轉盤翻過來，在靠近邊緣的地方任選四個洞，以這些洞做為起點，利用Dremel等類似的工具，切割出 ¾" × 1½" 的長方形開口（圖 B）。

> **重要：** 只要切割旋轉盤的底部，不要割到頂部。

時間：
一週
成本：
70～85美元，含桌子

材料

» **16" 旋轉盤，** Amazon 網站商品編號 #B000QA2IJ0
» **16" 壓克力圓盤，** TAP Plastics 網站商品編號 #01969，tapplastics.com
» **透明萬用膠，** TAP Plastics 網站商品編號 #14184
» **具有珍珠光澤的液流濃縮液，** Steve Spangler Science 網站商品編號 #WSRL-100，stevespanglerscience.com
» **橡膠螺帽，** #8-32×⁵⁄₁₆"（2），McMaster-Carr 網站商品編號 #93495A130，mcmaster.com
» **螺絲，** #8-32×⁷⁄₁₆"（2），McMaster 網站商品編號 #91772A193
» **小漏斗，** McMaster 網站商品編號 #1479T82
» **蒸餾水，** 1 加侖
» **液體食用色素**
» **黑色噴漆**

工具

» **電鑽和 ⁵⁄₁₆" 鑽頭**
» **高速切割機，切割塑膠用，** 像是 Dremel 這類的工具品牌
» **螺絲起子：** 十字和一字
» **美工刀**

額外工具，用來將轉盤安裝於咖啡桌上
» **線鋸**
» **圓規**
» **鑽頭，尺寸 ³⁄₈" 以上**
» **紙膠帶**

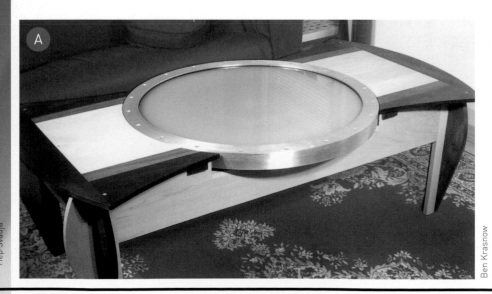

Hep Svadja

Ben Krasnow

C

D

E

重要： 若要替換其他黏著劑之前，務必先測試其黏性，務必讓壓克力和橡膠旋轉盤緊密貼合，如果黏不好會突然大漏水。

F

2. 鑽出加水孔

把旋轉盤翻回來，在旋轉盤邊緣用 5/16" 在頂部鑽兩個間隔 1" 的洞，注意不要鑽穿底部！儘量將鑽頭保持垂直，使這些洞可鑽得完整（圖 **C**）。

最後，再以美工刀修掉毛邊，並清理所有剩餘的碎屑。

3. 黏貼壓克力圓盤

在旋轉盤的橡膠邊緣塗上萬用膠，可將膠水管貼住邊緣，方便一手旋轉，另一手則緩慢擠上膠水（圖 **D**），膠水塗多一點無所謂，之後的步驟會將其蓋住。

拿掉 16" 壓克力圓盤上的保護膜，再把圓盤直接輕放在黏膠上，務必置中，接著輕壓讓圓盤固定於橡膠邊緣上（圖 **E**）。

若有任何空隙，待會再來補強，黏好後就不要移動也不需要用夾具固定。

4. 檢查並修補黏貼處

幾小時後再檢查有沒有空隙或膠水塗得太少的地方。若有需要補強的地方，可用鉛筆或竹籤補塗（圖 **F**），確保圓盤和旋轉盤之間的黏膠沒有縫隙，塗得不好看沒關係，之後都會蓋掉。

依照氣溫讓黏膠風乾 24 小時或是 48 小時以上。

5. 倒入液體

先倒出一杯蒸餾水，讓罐子騰出空間。接著用力搖晃液流濃縮液，先把半瓶倒入蒸餾水中，再滴幾滴食用色素。仔細搖晃罐子，讓液體充分混合。我個人是放了四滴藍色色素。

把旋轉盤翻過來，轉動底部使長方形開

口對齊加水孔。將旋轉盤開口處靠在 1" 木塊上，讓加水孔位於最高處，再用漏斗倒入罐中的液體（圖 **G**），儘量不時搖晃罐子，確保液體混合均勻。

6. 密封

當圓盤裝滿液體後，液體會從洞口溢出來，在每個洞口塞入橡膠螺帽，每個螺帽都鎖上一根螺絲，輕輕鎖緊即可。再以一字起子固定螺帽，方便你鎖緊螺絲（圖 **H**），但仍然不用鎖太緊。

把圓盤翻回來，確認有沒有氣泡。消除氣泡的方法很簡單，再把圓盤翻回加水時的擺放方式，拿掉其中一個螺帽，試著傾斜各種角度，讓氣泡消失。

7. 裁掉保護膜

用手穩住木塊，以美工刀割下在距離圓盤邊緣 1" 的保護膜，另一手緩慢旋轉圓盤（圖 **I**），不需要太用力，即可裁掉保護膜也不會傷到壓克力。

撕掉外層 1" 寬的保護膜後，便可看到壓克力的邊緣（圖 **J**）。

8. 噴漆

現在要在壓克力上噴漆，用來蓋住膠水塗得比較不好看的地方。薄薄的噴上 2 或 3 層噴漆，我是選用黑色噴漆。

等漆乾了以後，再撕掉其餘的保護膜（圖 **K**），液流圓盤就大功告成了。

9. 安裝在咖啡桌上 （可有可無）

我為了這個專題還去 IKEA 買了黑色的 Kragsta 桌（89 美元），讓圓盤突起於桌上，壓克力大約比桌面高了 1mm，方便

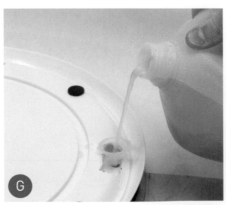

G

H

Ben Krasnow

之後清理。把圓規半徑設定為 8"，針置於桌面底部的中心點，畫出一個圓。在圓內鑽一個 $3/8$" 以上的洞，接著插入線鋸，小心切割這個圓。

暫時黏貼支撐腳，標示圓孔和支撐腳的交會處。拿掉支撐腳，並將記號間的的材料切掉 $5/8$"，以便安裝旋轉盤的底座，並替所有邊緣上漆。

最後組裝桌子，把液流圓盤置於桌上，快來轉轉看吧！ ◐

K

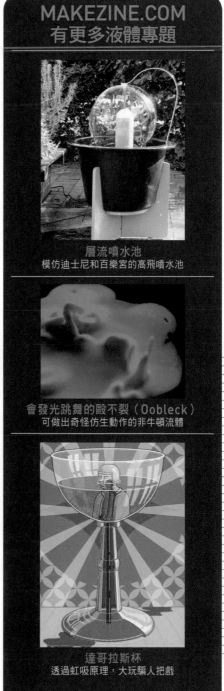

更多照片和製作祕訣，請上 makezine.com/go/rheoscopic-disc-coffee-table，順便分享你的液流咖啡桌照片。

Hep Svadja

DIY
Aquaponic Garden
with Arduino
用 Arduino 打造專屬魚菜共生菜園

利用這個小巧的自動化系統一邊養魚一邊種蔬果，從網路遙控也沒問題。

文：瑞克・克瑞辛格
圖：馬修・彼林頓
譯：謝明珊

有創意的魚菜共生系統，能讓小空間同時養魚和種菜，只可惜對人類和魚類來說，這些系統通常有難解的習題，以致乏人問津或淪為垃圾，況且沒有任何一個系統，可以在負擔得起的成本內，達到有效率的自動化。

我打算做一個更好的：透過 Arduino 來控制魚菜共生系統，有智慧也節能減碳，所需零件在五金行或亞馬遜（Amazon）就買得到，除了球閥購自 eBay 之外。

魚菜共生陽臺菜園可以完全自動化，以繼電器控制泵浦，再搭配感測器監測濕度、溫度、土壤水分和魚池水位。該系統附設備用空氣泵浦，以防突然斷電，可保住魚的性命，為了預防萬一，主系統還會切斷繼電器，使用者甚至可以從網路進行操作。我研發這套系統是要賣的，但我也分享全套 DIY 步驟和 Arduino 程式碼，讓任何人享受自己做的樂趣。

值得注意的是，這個菜園不用鐘虹吸系統，因為容易故障。但相反地，我的植栽床則仰賴電動球閥澆水，利用重力供水送料，這可以準確控制水循環，納入生長計劃的考量中，適應各式各樣的植栽。

魚菜共生的規則

這些基本規則對於系統健全很重要：

» **1:1 的關係**：魚池水量和植栽床體積的比例

» **魚池載畜量**：每 5 至 10 加侖（20 至 40 公升）的魚池水，可飼養 1 磅（500g）的魚

» **餵魚**：只餵 5 分鐘吃得完的量

小系統（及其主人）經常破壞這些規則，導致系統失靈或難以取得平衡。

我設計的魚菜共生陽臺菜園配有緩衝器——自己手做的生物反應器，就算新手破壞規則也不影響系統運作。生物反應器內部有一塊小塑膠，稱為「移動植栽床介質」，能提供益菌生長的最大表面空間，並消除水中的氨和亞硝酸鹽。魚兒會對你心存感激。

三種玩法

陽臺菜園有三種方式，端視你的情況而定：

» **基本型**：簡易計時器控制魚菜共生菜園所需的功能。

» **區域性微控制器型**：Arduino Uno 微控制器準確控制循環時間，並同時蒐集感測資料，讓你明白生長環境的現況。

» **物聯網（IoT）型**：無論你身在何處，Arduino Yún 微控制器都能讓你遙控菜園，接收簡訊（例如：何時植栽床是滿的）、串流和登錄資料等。

本文會介紹魚菜共生菜園的原理。至於更詳細的步驟，請上專題網頁 makezine.com/go/aquaponic-balcony-garden

魚菜共生陽臺菜園如何運作？

植栽床，27 加侖 ①：容納土壤和其他生長介質，此外還有：

» **水分探測器**：自己用兩根不鏽鋼螺絲做探測器

» **DS18 B20 溫度探測器**

» **入水口水閥（可防溢水）** ②：流出過濾後且生物處理過的水，再輸送到植栽床，亦可防止植栽床溢水。

» **排水口水閥（可防根系堵塞）** ③：覆蓋排水口，只讓水通過，不讓根系

瑞克・克瑞辛格
Rik Kretzinger

從小在加州朗波克（Lompoc）聖誕樹農場長大，從加州理工州立大學（Cal Poly San Luis Obispo）取得園藝學位後，他建造過商業用溫室，栽種過熱帶作物和玫瑰，也是西部各州的農業專家。目前在生技和高科技產業工作，也有自己的魚菜共生事業。

時間：1 週
成本：475~500 美元

材料

直接到 agponico.com 購買工具組，或者分別購買零件自己做。至於零件型號，參見專題網頁。

結構

» **27 加侖整理箱附密封蓋（2）** Lowe's 網站商品編號 #44066，lowes.com

» **纖維水泥板**，¼"×20"×30" Lowe's 網站商品編號 #11640，又稱水泥外牆板

» **白色欄杆柱**，33½"（4）Lowe's 網站商品編號 #44551

» **白色柱套**，名義是 4×4 Lowe's 網站商品編號 #160835，實際測量為 4.1"×4.1"

» **中密度纖維板（MDF）**，有塗層，0.688"×3½"×18" Lowe's 網站商品編號 #85819

» **PVC 塑膠板**，名義是 1×6，長度 18" Lowe's # 網站商品編號 209621，實際測量為 ¾"×5½"

» **白色塗料**，1 加侖，例如 Zinsser Bulls Eye

水閥和泵浦

» **電動球閥**，1"，110-240VAC，常開式，重力供液 Ehcotech 網站商品編號 #M21SE-1-C2CW，valves4projects.com

» **水泵浦**，沉水式，Elemental Solutions H2O，370gph

» **水族空氣泵浦**，Tetra Whisper

» **氣泡石** EcoPlus 網站商品編號 #728415

» **電池後備空氣泵浦**，Silent Air #SAB11

» **聚乙烯塑膠管**，口徑 ¼"，長度 24"，Lowe's 網站商品編號 #443061

» **乙烯塑膠管**，口徑 ¼"，長度 12"，Lowe's 網站商品編號 #443063

» **乙烯塑膠管**，口徑 ¼"，長度 2"，Lowe's 網站商品編號 #44215

» **倒鉤彎頭**，¼"，直角彎頭（3），Lowe's 網站商品編號 #160752

微控制器和感測器

» **Arduino Uno 和 Arduino Yún** 微控制板 Maker Shed 網站商品編號 #MKSP99 或 #MKSP24，makershed.com

» **Arduino 原型擴充板**，Adafruit Industries 網站商品編號 #2077 或 #51

» **濕度／溫度感測器**，DHT-22

» **防水溫度感測器**，DS18B20（2）

» **浮動開關水位感測器**，直角，Amico 網站商品編號 #A11062100UX0008

» **電阻**，¼W：10kΩ（2），470Ω（2）

» **CAT-5/RJ-45 模組連接器**：黑（1）、黃（1）、

藍（1）和杏（1）Leviton 網站商品編號 #41108-RE5、41108-RY5、5G108-AL5、41108-RA5
» 彩虹排線，4 線，線規 22，長度 20'
» 連接插座，4 孔，2.54mm（4），Molex 網站商品編號 #22-01-3047，Jameco 網站商品編號 #234819
» 電纜壓接式連接器，母座（25），Molex 網站商品編號 #S14010200AM0866
» 防水電纜接頭，適用於 4～7mm 纜線（6），Amico 網站商品編號 #S14010200AM0866
» ABS 塑膠管，管徑 2"，長度 2"
» ABS 接頭，2"，「測試板」帽蓋（2），Canplas 網站商品編號 #103762

結構
» 過濾系統
» 活動式生物過濾介質，25mm×12mm（200 片）
» Kaldnes K3 Bio Media；購買具有「生物活性的」（wholesalekoifarm.com）可節省大量系統循環時間，eBay 也有少量販售
» Matala Blue 生物濾床，半張，Matala 網站商品編號 #SMBE24，Amazon #B003CIAOZS
» 空氣淨化碳濾器，Lowe's 網站商品編號 #586651
» 聚脂纖維填充物，12oz 包裝，例如 PolyFil 品牌，從五金行或網路都買得到
» PVC Y 型過濾器，4¼"，Lowe's 網站商品編號 #253139

管道裝置
» PVC 塑膠管，管徑 6"，長度 15cm（2）
» PVC 塑膠接頭，6"，接頭（1）管帽（2），Lowe's 網站商品編號 #1815 和 #122863
» PVC 塑膠接頭，4"，T 接頭（1）閥接頭（4）清潔口接頭（4），Lowe's #24125、24094 和 146812
» PVC 塑膠管，管徑 1"，長度約 36"，每人情況不一
» PVC 套插式接頭，1" 直角彎頭（4）、管中型球閥（6）、管帽（1），Lowe's #23870、#108956 和 #23897
» PVC 螺釘，管徑 1"，長度 2"（2），Lowe's 網站商品編號 #57071
» PVC 萬向旋轉接頭，1" 直角彎頭（2）、O 型環公螺紋轉接頭（2）、PVC 鎖扣公螺紋轉接頭（1）Amazon 網站商品編號 #B00B8CBCK6，Sprinkler Warehouse 網站商品編號 #332-010，Home Depot 網站商品編號 #859580
» PVC 插入式接頭：直角彎頭（3）直角彎頭含母螺紋（1），PVCFittingsOnline.com 網站商品編號 #1406-010 和 1407-010
» ABS 套插式接頭：4"×3" 接頭（4）Lowe's 網站商品編號 #22809
» 彈性隔板接頭：½"（3）和 1"（2），Uniseal 網站商品編號 #32324 和 32326
» 浪管，管徑 1"，長度 10' Lowe's 網站商品編號 #63417

黏著劑和密封劑
» PVC 透明黏膠，Lowe's 網站商品編號 #23467
» PVC/ABS 雙用膠，Lowe's 網站商品編號 #68640
» Lexel 透明膠，5oz 比矽立康還要牢固
» Sugru 可塑矽膠，Maker Shed 網站商品編號 #MKSUMC
» 雙組修補劑，TAP Plastics Magic-Sculpt
» Dura-Rubber 白色密封膠（可有可無），Ruberizeit 網站商品編號 #19，用於魚池。可食，不會傷害魚類和人類。

通過（根系堵塞是魚菜共生系統的一大問題，除非想出解決辦法，否則根莖會堵塞一切管線）。有縫隙的 2" 管子，包住有洞的 1" 管子，只要扭轉就能折斷入侵的根。

魚池，27 加侖 ④：利用安全的乳膠漆漆成白色，不僅美觀亦可反射熱氣。魚池支撐著植栽床的平臺，還要容納下列東西：
» **超音波感測器 ⑤**：隨時監測水量。
» **DS18B20 溫度探測器**：測量水溫。
» **浮動開關**：超音波感測器的模擬備份。
» **排水口**：加裝隔板，防止小魚游到抽水機。
» **進水口**：加裝隔板，防止小魚游到植栽床排水閥。
» **水泵浦**：沉水泵浦以攔阻模式，從生物反應器而非魚池導水至植栽床，把碳足跡降到最低。

魚池蓋子 ⑥：阻絕葉子和飢餓的浣熊，但仍可穿透光線，讓魚可感受白天或黑夜，這對牠們的健康比較好。

生長平臺 ⑦：支撐植栽床，引導所有管線，內有重要的排水閥。

電子排水閥 ⑧：自動植栽床的水及時送回魚池，一旦電源故障，排水閥會全開，把最大量的水（和氧氣）輸送給魚。

雙重支撐腳 ⑨：相當於菜園的心臟和頭腦，一來支撐著植栽床，二來內有微控制器和電線接頭。

在透明盒子裡，**指示燈開關 ⑨a** 調控著 **120V AC 電源**，你的手放入水中之前，整個系統就會關閉，也能透過繼電器控制。

AC 插座外殼 **⑨b** 內有四個繼電器開關系統，共同調控空氣泵浦、水泵浦、加熱器（可有可無）與備援電力空氣泵浦。**光學隔離式繼電器**受制於 Arduino，一切視感測器和探測器的資料而定，還可以根據個人

需求調整（常開式或常關式皆宜）。

DC 電源轉換器外殼 **⑨c** 內，**變壓器**將 120V 交流電轉為 12V 直流電，再透過 **9V 和 5V 轉換器**針對微控制器和感測器做調節，轉為 12V 可使用菜園發電機組，或者連接太陽能備援電力。

最後是**感測器／微控制器**的外殼 **⑨d**：DC 電源分別有獨立的端子臺：9V 屬於 **Arduino**，5V 屬於感測器。**濕度／溫度感測器**協助你瞭解植物生長環境。

單一支撐腳 ⑩：支撐著平臺，內有植栽床排水閥的電子控制器，既是魚菜共生菜園的繼電器，對基本型便是數位計時器。

DIY 生物反應器 ⑪：提供益菌生長的最大表面空間，把魚類有毒的廢物轉為植物無毒的肥料，這時候就要善用水族氣泡石和活動介質，此為其他小系統少見的「大系統」。

DIY 固體過濾器 ⑫：也是一個「大系統」，三階段過濾可網住細菌分解的固態廢物，讓更重的物質沈澱下來，以便清除。

空氣泵浦 ⑬：水族空氣泵浦可供應生物反應器空氣。

管線 ⑭：全部連接起來。實際配置因人而異，但務必要防水。

打造屬於自己的 魚菜共生陽臺菜園

1. 準備菜園的零件

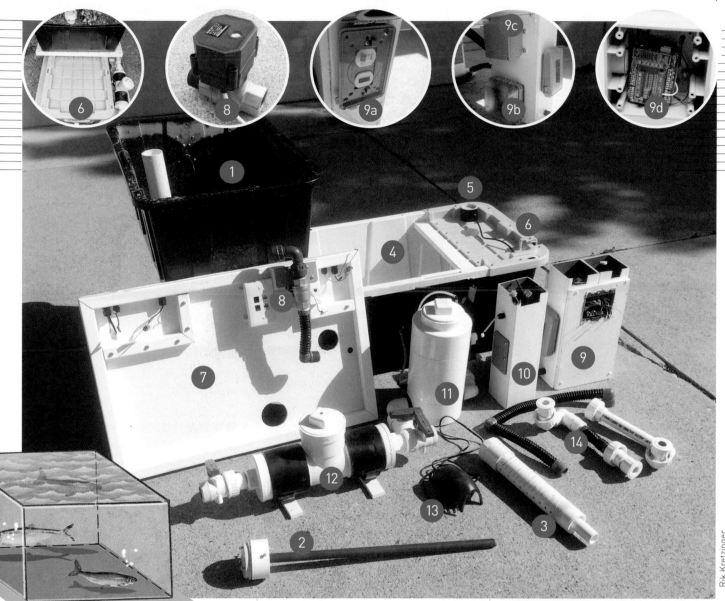

連接專題網站makezine.com/go/aquaponic-balcony-garden，準備魚池、植栽床、平臺和欄杆柱，以及各種管道和線路零件，我會說明這項專題成功的關鍵，包括生物反應器和電子裝置，也會說明該如何組裝。

2.製作生物反應器

4"PVC閥接頭置於6"PVC帽蓋上，裁掉一圈，黏好閥接頭，以Lexel透明膠封好接合處。

在4"PVC清潔口接頭鑽個 5/32" 的洞，接著插入 #8-32 的螺絲，你之後還會鬆開螺絲，排出生物反應器的空氣。

黏合基座：6"管帽、15cm的6"塑膠管、6"接頭。鑽個 1¾" 的洞，要穿過對面，從底部鑽個 2¼" 的洞，並安裝1"隔板接頭。插入1" PVC進水管和排水管，再分別黏上直角彎頭和球閥，從內側滑入1"穿孔蓋至排水口，做為粗濾網（圖 Ⓐ）。

現在於基座頂部黏上15cm塑膠管，再來是修過的管蓋。

為了製作視距水位計，在靠近底部和頂部分別鑽 27/64" 的洞，安裝兩個防水電纜接頭，這些再連接¼"透明管和倒鉤接頭，現在從透明管就能看出水位了（圖 Ⓑ）。

在頂部安裝防水電纜接頭，穿過空氣管，把氣泡石放入底部。

最後，添加200片K-3活動式生物過濾介質（圖 Ⓒ），裝滿純水（或循環水，參見步驟7），介質會在水中漂，直到形成健全的細菌附著膜，介質才會下沉，在水中漂流時也會順便自我清潔。

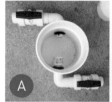

Rik Kretzinger

五金

» 不鏽鋼機械螺絲，#8-32 平圓頭：⅝"（50）、
  ¾"（20）、1"（10）
» 不鏽鋼螺帽，尼龍嵌入，#8（10）

電子裝置

» Arduino 繼電器板，光學隔離、高電流：4 路（1）、
  1 路（1）YourDuino 網站商品編號 #EA-040406
  和 EA-040409
» 實心電線，線規 14，600V：紅色（20 呎）、黑色（20
  呎）適用於 110 ～ 120V，載流能力為 10Amp，超
  過我們所需，安全得多！
» 半實心電線，線規 22，Maker Shed 網站商品編號
  #MKEE3，適用於低電壓
» 開關電源，24V DC，2A Amazon 網站商品編號
  #B00BXXIYJ2。把 AC 轉為 DC
» DC/DC 電源轉換器：12V 至 9V（1）12V 至 5V
  （1）Amazon 網站商品編號 #B00LXTCQHM 和
  B00CXKBJI2
» 歐規端子臺，12 孔，Adafruit 網站商品編號 #677
» 阻隔帶，4 孔雙排（2）Amazon 網站商品編號
  #B0054N4CBG
» 跳線端子，8 孔，Amazon 網站商品編號
  #B00D0W93NU
» DC 電源轉接公頭，2.1mm 插頭搭配螺絲接線端，
  Adafruit 網站商品編號 #369
» DIY USB 連接器，micro-B 插頭，Adafruit 網站
  商品編號 #1390
» 螺絲端子，2 針，3.5mm（12）Adafruit 網站商品
  編號 #724
» 儀器盒附蓋：單控（1）、雙控（2），Lowe's 網
  站商品編號 #130898、37117、70975，蓋子
  330360、79214、690020
» 插座，125V 15A，雙插式（2）Lowe's 網站商品編
  號 #216401 或 Home Depot 697882
» 組合開關，15A，有指示燈，Lowe's 網站商品
  編號 #541764 或 Home Depot 網站商品編號
  #649366
» 電線連接器，推入式，2 孔（5）、8 孔（1）Home
  Depot 網站商品編號 #631091 和 Amazon 網站商
  品編號 #B00HRHXMTU

工具

» 塑膠管切刀，1"
» 無線電鑽，⅜" 夾頭
» 鑽頭：⅛"、5/32"、27/64" 和 "3/8
» 圓孔鑽：1"、1¼"
» 圓孔鑽：1½"、1¾" 或 44mm，2½"、2¾"
» 捲尺
» 組合角尺，12"
» 螺紋攻：½"-13NC 和 ¾"-14NPT，例如 Vermont
  American 網站商品編號 #21670 和 Drill America
  網站商品編號 #DWTPT3/4
» 線鋸
» 剝線器 Adafruit 網站商品編號 #527
» Flush 對角剪 Adafruit 網站商品編號 #152
» 數位萬用電表，自動換檔，Adafruit 網站商品編號
  #850
» 可調手鉗，軟顎。Silverline 網站商品編號 #595757
» 手鋸，電動或人力皆可，我採用 Dremel Saw-Max
  （可旋轉）和 Multi-Max（可震動），但也可以用栓
  孔鋸和手鋸。
» 螺絲起子，#2 十字
» 帶鋸（可有可無）
» 斜切鋸（可有可無）

3. 安裝感測器

把每個感測器連接 DIY CAT-5 的纜線及
其合適的電阻。把濕度／溫度感測器（圖
D）安裝在微控制器的外殼裡。

把防水電纜接頭安裝於魚池一側，以及
植栽床一側，再分別穿過溫度探測器（圖
E）。

鑽個洞，讓超音波感測器的「眼睛」剛
好卡在 ABS「測試板」管帽的背面，再以
雙組修補劑固定感測器，把管帽黏在固定
魚池蓋的 2" 小洞，以便感測器監控池水，
在頂部加上 2"ABS 管，並安裝防水纜線接
頭（圖**F**），以橡膠複合物加以防水，再
封上第二層蓋子。

在魚池壁距離頂部 4" 至 5"，安裝舊式
浮動開關。然後在植栽床壁距離頂部 3" 處
安裝介質濕度探測器（也是舊式，只有兩
根螺絲和一個電阻）。

4. 連接並測試你的 Arduino

把擴充接頭焊接到原型擴充板上，接著
焊接端子臺，再連接相應的排針。把所有
感測器和繼電器連接到擴充板的端子，再
把擴充板插入 Arduino。擴充板務必擱在
感測器／微控制器外殼的接地端（圖**G**）。

從專題網頁下載 Arduino 程式碼，上載
每個感測器的測試碼到 Arduino，並測試
你的感測器。上載繼電器程式碼，再測試
繼電器。

5. 組裝魚菜共生菜園

魚池置於安穩的位置，從四面八方都很
容易接近的地方，連接固體過濾器和魚池
排水口，並且完全灌滿水。生物反應器置
於魚池後，連接固體過濾器，並且注滿水
（圖**H**）。

連接水泵浦和魚池內的接頭，並連接植
栽床排水閥回流軟管（圖**I**）。

放好生物反應器的支撐腳，將植栽床置
於魚池上方。此時即可接上所有電子連接
器（圖**J**），但別忘了單一支撐腳的排水
閥的接頭。

把支撐腳都插入平臺的洞口，平臺就定
位，倚靠著魚池蓋的栓子，備用空氣泵浦
則以魔鬼沾固定於下方。

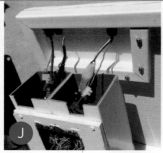

植栽床置於上方，連接排水閥。排水閥回流軟管也要連接排水閥。

最後，扭轉進水口／溢水區的水閥，以及過濾植物根的排水閥，接著塞入植栽床內部（圖 K）。測試泵浦，應該能為植栽床注水了。

你可以為植栽床裝滿介質了，魚池水會變髒，但只要啟動泵浦，幾小時就會變清澈。

6.設定你的菜園

你準備好自動化了。上傳原始碼 Balcony_Timer.ino 至 Arduino Uno，接著插好每項東西，測試整個菜園。原始碼會持續運轉水泵浦和空氣泵浦，按照你的指示開啟排水口，以控制泛洪填充循環。天氣熱就修改程式，把澆水量提高，溫度低就開啟加熱器。

至於物聯網的版本，則是上傳原始碼 Timer_SMS_Streaming.ino 至 Arduino Yún，就會即時把菜園資料傳輸至 Microsoft Power BI，再透過 Temboo 和 Twilio 的帳號傳簡訊給你。更多資訊請上專題網頁。

7.開啟菜園的循環

這意味運轉時間要夠長，讓益菌落完全建立。若是全新的介質和水，可能要花兩個月，若換成循環過的水和介質，時間會縮短至兩週（所以我會賣工具組給新手）。

你最好先養小型的金魚，小心餵食，在當地寵物店購買測試組，檢測氨和亞硝酸鹽的含量。

開始養囉！

你完成了陽臺魚菜共生菜園（圖 L），就可以養各種魚，做為寵物或食物（圖 M）。注意你的水溫，讓魚快樂生活。我提供幾個不錯的魚種：

» **羅非魚**：天氣冷可能需要加熱器，這在某些地區不許飼養，建議先跟國內的農漁或野生動物單位確認。
» **鯰魚**：這會長大，所以不要養太多，幾隻就好。
» **朱文金金魚**：幾乎所有溫度都適宜。
» **黑荒原金魚**：又是一種好養的魚。

你能夠種在菜園的植物（圖 N）包括羅勒、芫荽、細香蔥、辣椒、草莓和番茄，只要顧好根就行了。

維護魚菜共生菜園

大約每隔一星期，打開植栽床排水口的蓋子，確保所有根系健康，並且進行必要的維護（圖 O）。

若泵浦引入植栽床的水變慢了，就該清理固體過濾器了，所累積的雜質可以堆放在其他菜園或花盆。✐

Hep Svajda

更清楚的教學步驟、程式碼和祕訣，參見專題網頁，makezine.com/go/aqua-ponic-balcony-garden。

Water Rocket Launcher
水火箭發射器

文：麥克·魏斯特菲德　譯：張婉秦

用居家用品打造出升空速度
可達100mph的平價水火箭。

Hep Svadja

時間：
使用套件包要2小時
從無到有需花費4~6小時

成本：
25~45美元

材料

» 木板，1×3，12" 長（2），我
　使用松木板。
» T 型支架
» 水管固定夾，3/4"（2）
» 黃銅製軟管倒鉤，1/4"
» PVC 管，管徑 1/2"，規格
　40，總長 25"。
» PVC 接頭，管徑 1/2"，規格
　40：管帽（1），90° L 型接
　頭（1），滑動接頭（1），內
　螺紋接頭（1），以及外螺紋接
　頭（1）
» PVC 管，管徑 1 1/2"，1 1/2" 長
» 黃銅管，外徑 19/32"，0.014"
　厚，約 1" 長
» O 型環，內徑 9/16"，外徑
　13/16"，1/8" 厚
» 羊眼釘，大型（2）
» 紡織線，線規 18，25' 長或相
　同強韌的線材
» 乙烯基軟管，5/16" 透明，20'
　長
» 軟管夾，1 1/2"
» 氣嘴，美式
» 可旋緊式水管夾（2）
» 束線帶（20）
» 營釘（2）

火箭：
» 塑膠瓶，2 公升的汽水瓶，其
　他的瓶子無法承受這類壓力。
» 泡棉板，要夠做 3 個側翼
» 保溫管，1" 長

工具

» 電鑽跟鑽頭
» 鋸子
» 扳手跟螺絲起子
» 尖嘴鉗
» 萬用刀
» 剪刀
» 酒精
» WD-40 潤滑除鏽噴劑
» 大力膠帶
» 人造樹脂，快乾膠最好
» PVC 膠合劑跟助黏劑
» 鐵氟龍膠帶
» 聚氨酯膠，例如 Titebond 或
　是 Gorilla Glue
» 橡皮筋
» 砂紙
» 腳踏車打氣筒或空壓機

關於這個及其他
更多類似的專題都
可以在我們的書
《火箭與務實的火
箭科學》（Make:
Rockets，Down
to EarthRocket
Science）中看到。

*Maker Shed 網站上有販售
水火箭發射器組合包（網站商品
編號 #MKBW01）。如果你有
採買組合包，可以跳過購買材料
的步驟，直接開始「打造水火箭」。

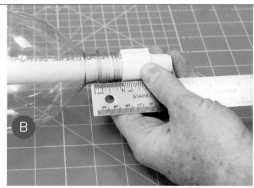

麥克・魏斯特菲德
Mike Westerfield
擔任Byte Works這家獨立軟體出版跟顧問公司的負責人，他也是PADI的潛水教練。目前與妻子居住在阿爾伯克基，享受當個寵愛孫子的空巢期老人。

只要你手邊有一些居家用品，便可輕易地打造出水火箭發射器，而且發射過程也很簡單；最困難的是如何在75psi的狀況下，將它維持在發射架上。不過這個發射器可以解決這個問題——用一個高壓O型環跟束線帶的機構來固定火箭直至它發射升空。同時這個發射器還擁有遠端發射的機制，因此你便不需接近充滿壓力的火箭。

1. 裁切發射管

將一個規格40的½" PVC管放入瓶中，使其與底部距離約2"。在離塑膠瓶口½"處做記號，將其他部分切掉，留下的長度約為10½"（圖 A）。

> **注意：** 大部分2公升的瓶子都適合½"寬的 PVC 管，可是有少部分的會太緊，所以你可能需要試作一下。

2. 修整尾端

打磨PVC管的尾端，因其需要使塑膠瓶得以順利進出。

3. 為O型環裁切發射管

在管子上安裝一個½"PVC接頭，再完全放入塑膠瓶中。接著在瓶頸上找一個不

會影響口徑的位置，將發射管移走並裁切，位置大約離瓶口½"處（圖 B）。這個斷口會成為O型環的底座——這也是維持壓力的重要零件。所以請確保裁切結果是直線，如有必要的話最好也打磨一番。

4. 裁切所需的PVC配件

你還需要利用剩下的½"PVC管裁切出3個配件，大約是1"、4"跟9"長。

5. 準備接頭

將1½"長的1½"PVC管，並在靠近一邊開

口的那側，用³⁄₁₆"鑽頭鑽兩個面對面的孔（圖 C）。之後，你要把發射拉繩穿過這兩個孔並綁緊。

這邊使用橘色大力膠帶時要注意，在步驟12的時候，你會需要將大力膠帶貼在接頭內側，使發射機構中的瓶子跟束線帶貼合。

6. 打造O型環底座

打磨黃銅管的底部，而不是中間用來安裝O型環的位置。用人造樹脂將黃銅管黏在步驟3中裁切的2個PVC發射管內側，如此一來，PVC之間的空隙就剛好是O型環的寬度。一旦樹脂乾了，即可把O型環套到管子上，然後移到想要的位置上（圖 D）。

7. 組合發射管

如圖所示，將發射管裝上滑動接頭，再依序裝上4"的½"PVC管，以及外螺紋接頭（圖 E）。用PVC膠合劑或人造樹脂把這些都黏在一起。

8. 安裝軟管倒鉤

在PVC 管帽正中央鑽一個½"的孔洞，再裝上黃銅製的軟管倒鉤，注意一定要保持垂直（圖 F）。因為壓力會施加到發射器上，所以要拿開零件檢查管帽是否有裂縫。如果有裂痕，就把它換成新的。如果沒有，就可以用鐵氟龍膠帶或人工樹脂將零件固定好。

9. 裝置低壓管

依照下列順序將它們黏好：PVC內螺紋接頭、1"長的½"管子、90度L型接頭、9"長的½"管，以及裝有軟管倒鉤零件的管帽（圖 G）。

10. 組合發射裝置的底座

為避免木頭斷裂，你可以預先鑽孔，然後將兩個12"松木板排成T字形，用T型支架及螺釘固定。接下來，用水管夾固定低壓管。最後，把兩

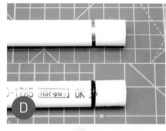

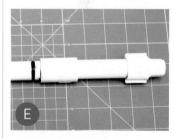

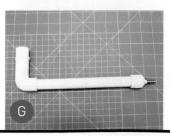

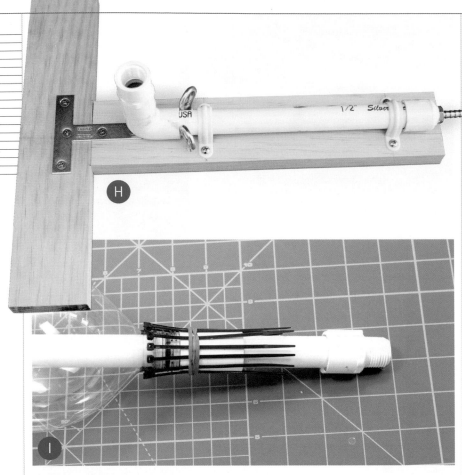

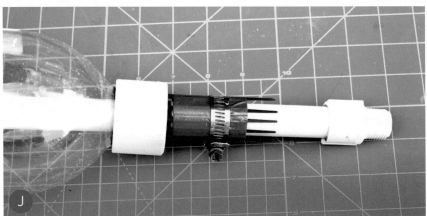

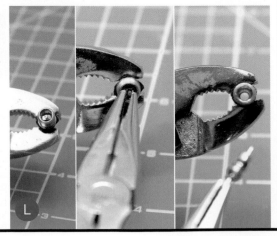

個大型羊眼釘在距離L型接頭1"處（圖 **H**），形成一個讓你之後可以安裝發射拉線的路徑。

11. 放上束線帶

將一條橡皮筋綁在滑動接頭的頂端，也就是發射管的中間位置，然後將瓶子向下移動直到與接頭碰在一起。接著在橡皮筋下方插入束線帶，每條束線帶間保留一點距離（圖 **I**）。完成一圈後，即可用大力膠帶固定束線帶，便可拿掉橡皮筋。

12. 測試滑動軸環

將1½"軸環套在束線帶上，調整內側的大力膠帶厚度，直到水管可固定於束線帶上方。

13. 固定束線帶

在靠近接頭的尾端，用1½"的水管夾固定束線帶（圖 **J**）。這可以避免火箭發射時，滑動軸環隨著發射管向下移動。

14. 修整美式氣嘴

小心地用刀子刮掉氣嘴的塑膠外層，直到露出黃銅內裡（圖 **K**）。

15. 移除氣嘴閥

為了讓空氣能順利地釋放，可用尖嘴鉗子將中間的氣嘴閥取出（圖 **L**）。如果很難移除，你也可以用³/₃₂"的鑽頭從底部鑽出。

16. 連接軟管

用熱水軟化20'長的⁵/₁₆"透明乙烯軟管兩端，再插入軟管倒鉤零件跟美式氣嘴，並以小型水管夾將其固定（圖 **M**）。

17. 安裝發射拉繩

將發射管鎖進低壓管中，接著將發射拉繩綁住PVC軸環上的一個洞。將線穿過一個羊眼釘，繞過第二個羊眼釘回綁，再綁在PVC軸環的另一個洞上，構成一個迴圈。再將另一條線綁在這個迴圈的中央並剪斷，保留約22'長——比用來加壓火箭的乙烯軟管稍長一些（圖 **N**）。

拉動繩線會讓PVC發射軸環向下移動，使束線帶彈開，並發射火箭。

打造水火箭

現在你只需要一個火箭！這邊會教如何自製基本款的火箭。（可至 makezine.com/go/

soda-bottle-rocket 了解附降落傘的可回收版本。)

1. 準備瓶子（非必要）

看你要不要撕掉標籤，然後用WD-40潤滑除鏽噴劑清洗。最後再拿酒精清除WD-40殘留物。

2. 裁剪並安裝翼板

裁切泡棉板來製作3個翼板，任何你喜歡的狀都可以，只要確保內側邊緣可完全緊貼瓶子的底部（圖 **O**）。你可以在byteworks.us/Byte_Works/Make_Rockets.html上找到翼板的版型。

用聚氨酯膠來黏貼翼板，不要損害到塑膠瓶。並用膠水填滿連接處的縫隙，藉此強化接合處。

3. 加裝防護墊

在頂端加上一些防護墊可以避免你的火箭摔壞，我是用環狀的保溫管（圖 **P**）。

發射水火箭

遵照這些步驟來準備並發射火箭：

» 先把2個營釘嵌入地面，用來固定發射架的底座。這可讓你在拉扯發射拉繩時，不會拖動或翻倒發射器。

» 在瓶中注入約 的水。

» 把發射器插入火箭中，然後翻轉過來，準備發射。

» 火箭向下插入發射管，讓束線帶的頂部在瓶頸的上方。將發射軸環向上滑動，超過束線帶的邊緣，將火箭固定住。

» 所有的旁觀者移動到至少離火箭15英尺遠的地方，將裝置加壓到60～75psi。

» 如果有任何故障產生，請在靠近發射裝置前將壓力釋放掉。若你是依照指示打造的話，需要做的就只是解除空氣泵的連結。

一旦你確定所有東西都準備好了，倒數5秒並拉扯發射拉繩來啟動火箭。它便會非常快地發射出去。請做好會弄濕的心理準備——如果風是吹向你，通常噴射出來的水會將你淋得一身濕！ ●

在makezine.com/go/zip-tie-rocket-launcher分享你的作品，並交換製作訣竅。

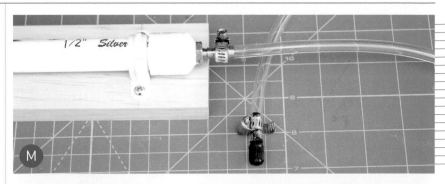

M

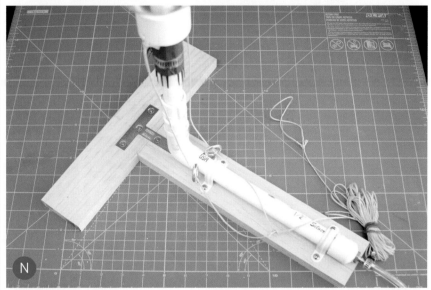

N

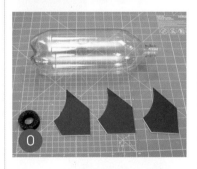

O

警告：

⚡

水火箭有可能很危險。千萬不要靠近已經加壓的火箭。因為攜帶超過1磅的水，火箭起飛離地的時候很重，一眨眼的功夫，它的速度能高達約100mph。你可以在 waterrocketmanual.com/safety_code.htm 找到國家火箭協會（National Association of Rocketry）的安全守則。

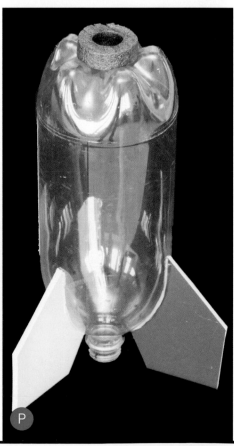

P

Raspberry Pi Arcade Machine

樹莓派遊戲機臺 打造童年回憶裡的復古街機 文、圖：周鈺禮

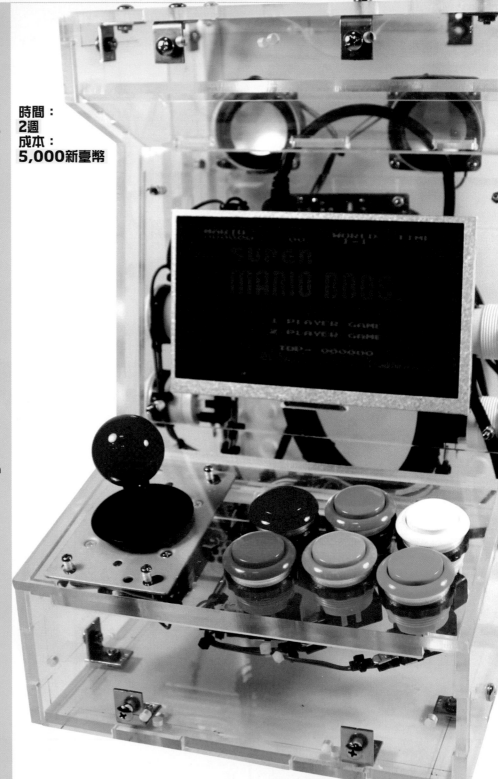

時間：
2週
成本：
5,000新臺幣

材料

* 以下零件可於 www.icshop.com. tw 訂購，貨號 368030200215)

- » 街機按鈕（10）：按鍵直徑 34.8mm，高 38.4mm
- » 街機迷你搖桿（1）：底座鐵片 長 97mm，寬 65mm，搖桿高 105.7mm（含 35mm 實心頭）。
- » 微動開關（10），5A/AC 250V 3P
- » 40P 簡易牛角公座（1）：180 度， 腳距 2.54mm
- » 20PJST 連接器母座（2）與公座 （2），2.5mm
- » JST 端子（母）（10）， 2.5mm/100 pcs
- » 40PGPIO 排線（IDE 硬碟排線）， 母對母（1）
- » 40P 牛角公座／ JST 轉接板，公對 公（1）
- » 聲音擴大器連接頭（5）： JP1135V2-1M 母座／ J1135BS-2S 端子
- » 22AWG 電子線（1）立體聲擴大機 模組（1）：BA5406，雙聲道 AB 類
- » 3.5mm 公頭立體音源線（1） 公對 公 HDMI 連接線，1m（1）
- » 7" LCD 顯示器含驅動板（1）： 800×480（非觸控）， 5V/500mA
- » 喇叭，4Ω/3w（2） Raspberry Pi 2（1）
- » L 型支架，20×20mm（19）
- » M4 螺絲（38）：十字／長 11.5mm
- » M4 螺帽（38）
- » M3 螺絲：長 19.5mm（8），長 7.5mm（14），長 15mm（12）
- » M3 塑膠銅柱（單頭螺紋）（4）， HTS-306
- » M3 塑膠螺帽（4）
- » M3 雙母銅柱（4），長 15mm
- » M3 螺帽（20）
- » 工業電源供應器（1），RS-15-5 （3A）/15W
- » Y 型絕緣端子（6），YF1.25-3S
- » 公母插（母）（28），LV1.25-5A
- » AC 電源線（1）：6 尺，0.16×41 芯
- » 8G 隨身碟（1）
- » 8G SD 卡（1）
- » 透明壓克力（2）， 90×60cm/6mm
- » 尼龍紮線帶（1），100pcs
- » 雙面泡棉膠帶（1），取 1mm×24mm×6cm 的一段
- » 公頭 DC 電源接頭線（1）， 2.1mm/30cm

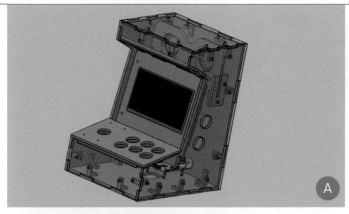

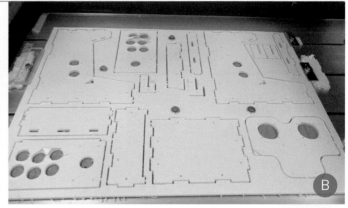

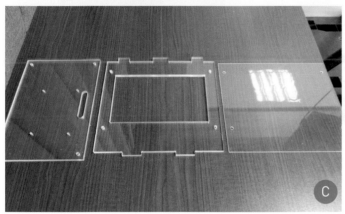

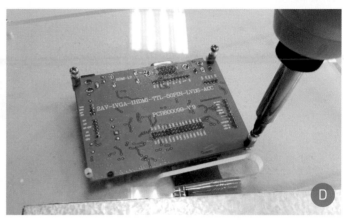

在電腦與手機都尚未普及的 **70～90 年代**，時下流行的休閒娛樂除了任天堂的電視遊戲機之外，放置在公共娛樂場所的遊戲機臺也是相當經典的代表作。街頭遊戲機以橫向卷軸的過關模式最為常見，像是我們耳熟能詳的超級瑪利歐、快打旋風與越南大戰……等經典 GBA 遊戲，在當時都讓不少電玩迷掏出口袋的一疊硬幣，坐在機臺前數十個小時，遲遲無法抗拒大型遊戲機的魅力。本專題中使用 Raspberry Pi 做為核心，製作復古的遊戲機臺，在遊玩的同時也找回童年的記憶。

1. 外觀設計

外殼的造型設計主要參考復古街機的風格，我們透過 SolidWorks 繪圖軟體將以往笨重的大型遊戲機臺的各部分零件縮小並重新繪製出來（圖 A），再加以組合模擬合適度，並加入額外的樹梅派固定座及記憶卡拔取口等孔槽，最後將這些圖形檔轉入 CAM 軟體做刀具切削設定、執行 CNC 切削。

在設計完後，往往都會有一些瑕疵，畢竟在電腦上的模擬與現實世界組合當中還是會有一些誤差，可能是工具機的背隙，也有可能是壓克力在切削過程中刀子磨損狀況不一所引起，甚至是在設計繪圖過程中的疏漏，都可能導致在最後組裝階段會有些不合或難以組裝的情況發生，因此我們會先切部分的卡榫零件進行組裝測試後再修改（圖 B）。

> **小祕訣：** 在工具機運行以前，通常會花很長一段時間進行電腦切削模擬，在發現異常路徑或動作時馬上修改程式。如果沒將錯誤改正，實際上機運行時有可能會對操作者的安全產生極大危害。

2. 組裝螢幕

將切好的零組件從工具機上取下，並在桌上排列整齊，確認是否有缺少零件之後就可以開始組裝了（圖 C）。首先我們先組裝螢幕的部分，將螢幕傳輸排線穿過壓克力中間的孔槽與驅動板連接，再鎖上銅柱與螺絲，將驅動板固定在壓克力上（圖 D）。接著，依序覆蓋上做為螢幕固定框的部分以及保護螢幕用的壓克力（圖 E），最後在四個角落鎖上固定用的墊片與螺絲即完成。

3. 聲音模組

當螢幕部分完成組裝後，我們先將它放在一旁，然後開始著手組裝喇叭模組的部分。分別在喇叭四個孔位裝上螺絲與墊片，將喇叭固定在支撐架上（圖 F），然後將聲音放大器固定於喇叭

周鈺禮
創客萊吧 MakerLab 的機具管理員兼講師，畢業於中正高工電子科，空閒時喜歡動手製作專題來為生活增添樂趣，尤其熱愛單晶片專題製作及外型設計與加工。目前為國立高雄應用科技大學電子工程系一年級生。

工具
- » 烙鐵與焊錫
- » 螺絲起子
- » 三用電表
- » 奇異筆
- » 斜口鉗或剝線鉗
- » 端子壓線鉗
- » 游標卡尺
- » 電腦
- » 三軸 CNC 銑床
- » 螺絲固定膠
- » 壓克力銑刀：單刃螺旋刀，3.175×3.175×15mm
- » 護目鏡

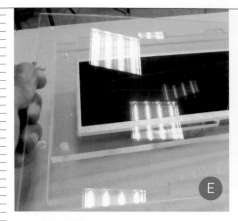

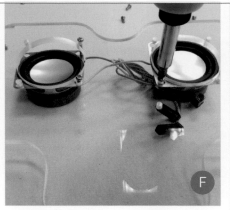

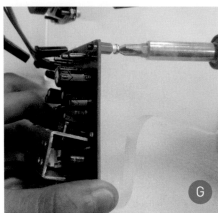

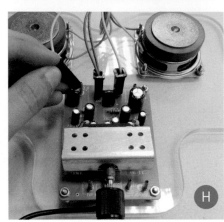

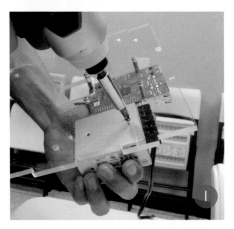

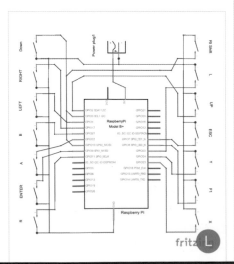

下方（圖 **G** ）。接著插上喇叭連接線，分別為左聲道（藍）、共地（藍）以及右聲道（黃），完成如圖 **H** 。

> **小祕訣：** 在組裝的時候儘量讓喇叭線往中間集中，之後進行接線及整線時會比較方便。

4. 電源供應器

街機底部 Raspberry Pi 與電源供應器的部分，我使用 Pi 2 與 5V DC 電源供應器來製作（圖 **I** ）。控制板版本部分可以依照個人喜好選擇，目前遊戲模擬器映像檔可以支援 B、B+、Pi2、Pi3；電源供應器的部分就要考量到螢幕驅動板的運作電壓範圍，有的只能使用12V，甚至大一點的要到24V才能驅動螢幕，這完全取決於 Maker 們的螢幕大小需求。這次我所使用的驅動板可以支援5V～12V，5V 剛好可以跟 Pi 的電源並接在一起，所以就選用5V DC 電源供應器，在升降壓方面會比較省事。

5. 組裝按鈕與搖桿

接著就到了組裝按鈕的部分了，在這邊使用的是常見的街機按鈕，是不是頓時冒出了親切感呢？首先，將電玩按鈕安裝到孔位上，並將黑色外環轉緊，再卡入微動開關（圖 **J** ），然後將搖桿也鎖上。加上前述幾個步驟中的作業，大致組裝完成的機臺半成品如圖 **K** 。

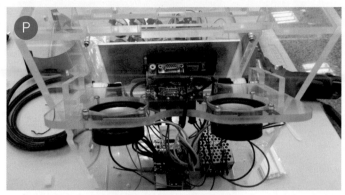

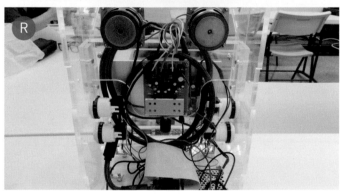

6. 接線

　　組裝完成後就要來進行接線的步驟，電路圖請參考圖 **L**。在按鈕的微動開關部分有三個接點，連接時只會用到兩個接點：微動開關的 COM（共同）以及 NO（常開）接點。首先微動開關的 COM 接點我們會將它全部接地，再將 NO 接點接到對應的 Raspberry Pi GPIO 腳位上（圖 **M**）。在整線的部分為了要求美觀，我們會先把這些雜亂無章的跳線接上 JST 端子座與 IDE 硬碟排線的轉接板（圖 **N**），然後再將排線連接至 Raspberry Pi GPIO。

　　完成按鈕接線後，將連接好的按鈕跳線放入機臺內，再將支撐板蓋上，組合並鎖上喇叭支撐架；然後，連接上 HDMI、音源線、電源線以及機臺側邊按鈕跳線（圖 **O**）。接著將轉接板以雙面泡棉膠固定在螢幕支撐架下方，並接上排線；同時將聲音模組嵌入支撐價，並以旋轉方式推回，再鎖上支撐架上方的螺絲（圖 **P**）。

　　完成上述步驟後，將排線連接至 Raspberry Pi，並將電源線剝線後穿過背蓋的電源孔。

> **小祕訣：** 線頭壓接過後，在預留 15 公分處打結。

　　然後在電源供應器上分別鎖上 110V（左黑）、5V（右紅、黑）電源線（圖 **Q**），其中一條 5V 是供給螢幕驅動器及聲音放大模組用，另一則是供給 Raspberry Pi 的電源。至此，整個機臺的接線就可說是大功告成了（圖 **R**）。

7. 完成並測試

　　將 Rasppberry Pi 的 USB 孔對齊壓克力上的孔位後蓋上背蓋，就可以開始進行測試。到 www.retrobultgames.com 下載遊戲模擬器 Porta Pi 映像檔，並根據文末連結 hackpad 文件上的教學將映像檔燒錄製 SD 卡中，然後開機進入遊戲畫面（圖 **S**）。裝上背蓋，將遊戲音量調整至適當的大小；現在，您可以好好享受一場復古的街頭快打了！

更詳細的軟體設定教學與參考資料，請上 www.makerlab.tw 瀏覽。

Dark-Detecting LED Throwies

文：尼克・諾莫　譯：張婉秦

光感測 LED 小物 這個簡單的電路能在沒有光源的時候使LED亮起

尼克・諾莫
Nick Normal

是名來自紐約皇后區的藝術家和自造達人，也是個藏書狂。曾在流動工廠（Flux Factory）有五年的駐村經驗，並擔任紐約世界自造者嘉年華的共同主辦人，致力於推廣極客松（geekathon）的一切。

與戶外或庭院燈光類似，**當周圍亮度降低到一定限值時**，光感測LED的電路就會使LED亮起。但其最大的不同點在於零件的數量：只有5個——電池、光電晶體、電阻、LED及電晶體。

在電路圖中（圖**A**），當光子（光的粒子）撞到光電晶體時，便會關閉電晶體跟LED間的電路。當光子較少或沒有光子時，電流則會順暢地通過電晶體的集極射極接面，使LED亮起。

1. 安裝並焊接零件

先以一個標準的電木板設計開始，我們發現到小型的圓形電木板非常適用，可將所有零件裝上，其大小也與CR2032電池座差不多，讓你不需要額外接線就能輕鬆連接電池座。

在安裝零件時（圖**B**），可以用焊接小幫手固定PCB，並參考電路圖（圖**A**）將零件焊接起來。

焊接之後，修剪突出的針腳，但是不要動到電阻最外面的線路（連接到電晶體的集電極）以及光電晶體的負極針腳。折彎將剩下的針腳，並穿過PCB板上（圖**C**）的鎖點（最大的洞孔）。

2. 添加電池

將PCB板放在電池座的上方，PCB板上的針腳跟電池座的接腳應該剛好對齊，讓你能夠耐心地將它們焊在一起（圖**D**），將正極連接到電阻的針腳，負極則與LED跟光電晶體的針腳並聯。

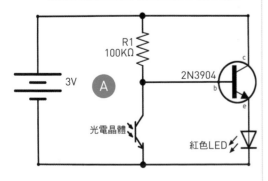

R1
100KΩ

3V　**A**

2N3904

c

b

e

光電晶體

紅色LED

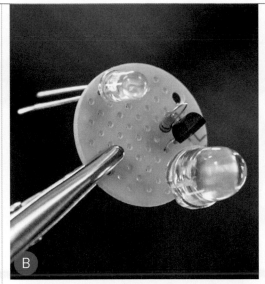

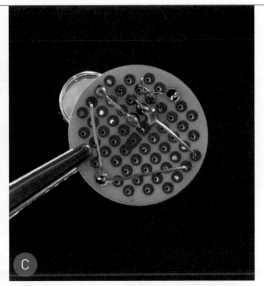

時間：
20～40分鐘
成本：
5～10美元

材料

» 光電晶體，紅外線的
» 電晶體 2N3904，NPN 型
» 電木板，小型
» LED，紅色，大顆超亮型
» 電阻，100kΩ，¼W
» 熱塑性塑膠顆粒，
  例如 Shapelock，
  MakerShed 網站商品
  編號 MKSHL1-500，
  makershed.com
» 鈕扣電池 CR2032
» 電池座 CR2032
» 磁鐵

工具

» 烙鐵
» 焊錫
» 剝線鉗／斜口鉗
» 有放大鏡的焊接小幫手
» 杯子或小碗（玻璃或金屬類）
» 強力膠

警告：

大部分品牌販售的熱塑性塑膠顆粒在使用時都很安全，但無論如何，千萬不要誤食！我用一個金屬杯來做實驗，為了安全起見，我將這個杯子歸類為實驗器材，並放在工作室。

當焊接完成之後，修剪超出的針腳，放上 CR2032 電池就大功告成！現在在你有一個光感測 LED 電路了。

3. 準備熱感性塑料

現在來點好玩的。單純把電路設計在 PCB 板上已經無法滿足我了，我反而想要把它包起來。我一直在找機會使用熱塑性塑膠顆粒，它在熱水中會變得柔軟且可塑形，冷的時候則會變硬，現在在這正是個讓我試用這個材料的大好機會。

你只需要倒入熱水蓋過塑膠顆粒（最好使用有把手的玻璃或金屬容器），大約 15 秒的時間就會使其變得透明。

4. 包裝電路

當塑膠顆粒變透明，就可以用湯匙將其舀出。它們會迅速結合在一起，變成像玻璃一樣的材質。有時候熱水會跑到氣泡中，不然基本上這個材料很安全，可以直接用手塑形。我直接放一坨到 PCB 板上，再用手指開始塑形。

儘量讓光電晶體外露，這樣它在白天才能充分感光。當透明材質完全乾燥後，會變硬且變成不透明的白色（圖**E**）。

5. 加上磁鐵

最後，用強力膠把磁鐵黏在電池座上。現在，把你剛做好的光感測 LED 小物丟到金屬材質的物品上，接著靜候一天，等待它在夜晚發光！

更進一步

光感測 LED 是個有趣又簡單的電路，不過也可以輕易地將它提升到更高的層次。

你可以用個基本的挑戰來考自己：「我要如何用一個白色或藍色的 LED 操控這個電路？」這類 LED 通常會比紅色 LED 需要更高的電壓，並且需要其他的零件來啟動電路。或許也可以試著用小型的太陽能板來製作可充電的電源供應器電路，如此一來，電池就可以在白天充電！試著做做看，並享受箇中樂趣。

歡迎到網頁 makezine.com/go/dark-detecting-led 分享你的想法、訣竅跟改良版。

Hep Svadja

查爾斯．普拉特 Charles Platt

著有《圖解電子實驗專題製作》，以及續作《更多圖解電子實驗專題》。makershed.com/platt

時間：
一個下午
成本：
5～10美元

材料

» XR2206 聲音合成器晶片
» LM386 音頻放大器晶片
» 7555 計時器晶片
» 電解電容：100μF（1），33μF 或 47μF（2）
» 陶瓷電容：10nF（2），4.7nF（2），33nF（1），以及1μF（3）
» 可變電阻：10kΩ（1），20kΩ 或 25kΩ（1），500kΩ（2），跟 1MΩ（1）
» 電阻，¼W：220Ω（1），4.7kΩ（2），5.6kΩ（3），10kΩ（2），以及 1MΩ（1）
» 單刀雙擲開關，間距 0.1"（7），例如 E-Switch 商品編號 #EG1218

文：查爾斯．普拉特與傑若米 法蘭克 譯：張婉秦

Wave Shaper

波形製造機 用出乎意料又有趣的音訊晶片打造多功能聲音合成器

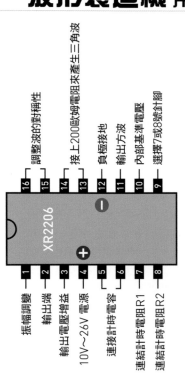

A 針腳基本功能

（圖A 針腳標示，由左至右／上方針腳 16 至 9）
16 振幅波的對稱性
15 調整波的對稱性
14 接上200歐姆電阻來產生三角波
13 接上200歐姆電阻來產生三角波
12 負極接地
11 輸出方波
10 內部基準電壓
9 選擇7或8號針腳

（下方針腳 1 至 8）
1 振幅調變
2 輸出端
3 輸出電壓增益
4 10V～26V 電源
5 連接計時電容
6 連接計時電容
7 連結計時電阻R1
8 連結計時電阻R2

XR2206是個稍微冷門音訊晶片，但卻有著令人訝異的潛能。它能產生三角波跟單純的正弦波，並讓你用超乎想像的方式來控制它。你也可以用它當作聲音合成器的核心。

自從傑若米 法蘭克推薦我XR2206之後，我從中獲得很多樂趣。傑若米曾讀過我的《圖解電子實驗專題製作》，但現在看起來，對於某些專題，他懂得比我還多。

頻率與增幅

圖**A**列出每個針腳的功能，圖**B**則是基本的電路圖，別因為看起來很複雜就失去興致，其實每個區段都是分開的而且簡單易懂。

電源部分，XR2206適用10VDC～26VDC。你可以在eBay上買到10美元以下的簡易型12V變壓器。

XR2206的針腳2是音訊的輸出端，因此需要將訊號增幅。讓輸出的音訊先串聯一個33Mf的耦合電容與1M電阻，再輸入到LM386音訊放大器中，雖然效果有限，但建構起來很簡單（圖**C**）。

電阻跟電容的組合可像555計時器一樣來控制頻率，不過比較簡單。可在針腳5跟針腳6之間連接一個計時電容，而針腳7與負極接地間則接上電阻。建議可使用0.001μF～100μF的電容，以及1K～2M的電阻。

我們可用一個簡單的公式算出頻率：f = 1,000 /（R×C），在這邊，R值為千歐姆，C值則是微法拉。我挑選一個33nF陶瓷電容跟500K可變電阻。因為我在針腳7跟針腳8（之後還有更多）間使用雙重輸入，因此頻率會加倍，範圍由60Hz涵蓋到7kHz，幾近包含全部頻率。

針腳3採用的電阻連接方式能強化晶片的輸出訊號，而針腳15跟針腳16能協助你調校波形的對稱性，不過在這邊並不需要用到。到這邊為止，先不要接上輸入端A、B、C跟D，並將所有開關連接在上方的位置，先讓我們熟悉基本功能。

製作音樂

將4號開關接上一個220歐姆電阻後與針腳13跟針腳14相連，用來選擇輸出正弦波或三角波。正弦波能產生圓潤的音色就像你朝瓶子頂端吹氣所產生的聲音。將基本的正弦波頻率調便可以模擬多種樂器。三角波（又稱鋸齒波）的諧

Hep Svadja

Charles Platt

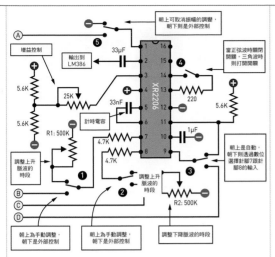

朝上可取消振幅的調整，朝下則為外部控制

增益控制

輸出到LM386

當正弦波時關閉開關、三角波時則打開開關

5.6K

25K

33nF

R1: 500K

計時電容

4.7K

4.7K

朝上為手動調整，朝下是外部控制

朝上為手動調整，朝下是外部控制

調整上升脈波的時段

調整上升脈波的時段

調整下降脈波的時段

朝上是自動，朝下則通過數位選擇針腳7跟針腳8的輸入

B 測試電路圖。在測試晶片功能時，你可以先不用連接 A、B、C 和 D 四個端。

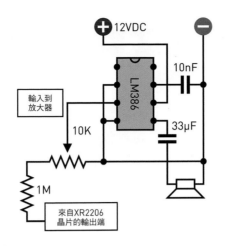

12VDC

LM386

10nF

輸入到放大器

10K

33μF

1M

來自XR2206晶片的輸出端

C 加上這個超級簡單的放大器電路就可以聽到聲音。

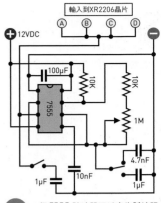

輸入到XR2206晶片

12VDC

100μF

10K

10K

7555

1M

4.7nF

1μF

10nF

1μF

G 一個 7555 計時器可以產生脈波跟頻率來控制 XR2206 音訊晶片。

琳瑯滿目的波形

D 將 5 號開關朝下：藉由調整 500K 可變電阻，7555 計時器的輸出能讓 XR2206 在兩個頻率間交換運作。

E 1 號開關讓你能快速變化振幅。

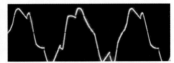

F 將 7555 計時器的輸出傳到 XR2206 晶片的針腳 7，會產生出乎預料的結果。

波比較豐富，但聲音則較為人工。

當 3 號開關向上時，XR2206 在每個音訊週期的上升期間會自動啟動針腳 7 的電阻，而下降期間則會啟動針腳 8 的電阻，這讓你可以創造出非對稱波。你可以透過示波器看到這些訊號，圖 D、圖 E 與圖 F 為我創造出的波形。

現在有趣的地方來了。針腳 9 是數位輸入端，當高邏輯位準時（2VDC 或以上），它會選擇針腳 7 的電阻來控制頻率；如果是低邏輯位準的狀態（1VDC 或以下），則會選擇針腳 8 的電阻。如果你送一連串的脈衝到針腳 9，例如透過 555 計時器，XR2206 便會在兩個不一樣的頻率間跳動。如果速度夠快，就可出產生獨特的聲音。

因為 555 計時器容易產生電壓突波，所以我使用 Intersil 7555 計時器，它的功能一樣，但是訊號比較穩定。如果你有讀過《圖解電子實驗專題製作》，那麼對圖 G 所顯示的基本頻率產生器電路圖可能會有印象，只是多增加一些東西而已。100 uF 的電容會阻斷來自 XR2206 的頻率，避免通過 7555 計時器。SPDT 開關會選擇 4.7 nF 電容來產生 150 Hz 到 10 kHz 的頻率，獲選擇 1μF 電容來產生 1 Hz 到 60 Hz 的頻率。SPST 開關則用一個 1μF 的旁路電容來修飾輸出方波。

完整的麵包板電路圖為圖 H（可上本專題網頁查看更詳細的圖解）。我使用的是 EG1218 SPDT 滑動開關，體積小且價格實惠。

任意組合 1 號、3 號、4 號與 5 號開關，可讓 7555 計時器的輸出到 XR2206 不同的輸入端中。緩慢操作 7555 計時器，如果你應用到針腳 1 上，則可以產生脈波，亦可製造出震音或顫音的效果，也就是調變聲音的振幅。

更進一步

想要嘗試更多？你可以再用一個 XR2206 來代替 7555 計時器，這樣一來，你能控制的脈波會比單純的方波更為豐富。

如果要打造一個鍵盤控制的合成器，可以拆解一個便宜的鍵盤，然後找出當某個按鍵按下時觸發哪個接頭。而為了產生不一樣的音色，每個按鍵必須經由不同的電阻連接到 XR2206 的針腳 7。所以每個按鍵都需要一個可變電阻，你可以用電吉他的調音器來調整每個可變電阻。

你甚至可以把 XR2206 改造成一個小型無線電發射機！可以到專題的網頁上學到更多相關應用。對於這個萬用且多變的音訊產生器，我們認為目前只學到皮毛而已。

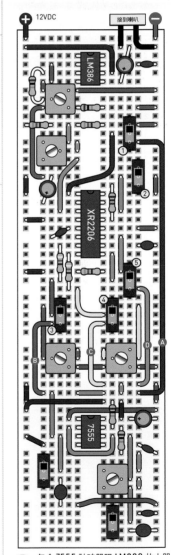

12VDC

接到喇叭

LM386

XR2206

7555

H 包含 7555 計時器跟 LM386 放大器的麵包板電路。

在 makezine.com/go/wave-shaper 可觀看更多照片、圖解，以及 XR2206 的應用。

Ye Olde Brushless Motor

麥可・科里
Michael Curry

是住在密蘇里州堪薩斯市的建築師兼設計師，他的作品從體育場到機器寵物雞都有。麥可也是MakerBot Design Studio的共同創辦人，曾和Autodesk、Formlabs、Maker Media、Wiley Publishing及其他機構合作專題。網站：skimbal.com

時間：
一個周末
成本：
45～70美元

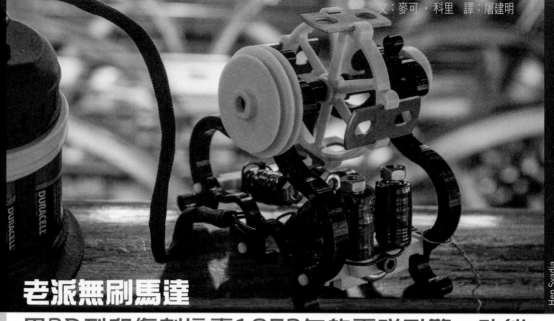

文：麥可・科里　譯：屠建明

Hep Svadja

老派無刷馬達

用3D列印復刻這臺1872年的電磁引擎，功能就像現代無人飛行器上的馬達

材料

» D列印零件，請至 thingiverse.com/thing:623901 下載免費列印檔案。並在 makezine.com/where-to-getdigital-fabrication-tool-access 尋找可以使用的印表機或列印服務，或從 makershed.com 購買3D印表機。
» U型螺栓，#112（4），附螺帽及金屬支架
» 軸承，608型（2），又名滑板軸承
» 螺栓，M5，10mm或15mm（3）
» 絕緣線，線規22
» 實心線為佳；絞線或漆包線亦可
» 電氣膠帶或熱縮套管
» Arduino Uno 微控制器板，Maker Shed 網站商品編號 MKSP99 或 MKSP11，makershed.com
» 免焊電路板及跳線，Maker Shed 網站商品編號 MKKN2 及 MKSEEED3
» 電晶體，MOSFET，N通道（3）SparkFun Electronics 網站商品編號 10213，sparkfun.com
» 1號電池

工具

» 弓鋸及虎鉗
» 銼刀或研磨機
» 筆刀
» 膠水
» 安裝 Arduino IDE 之電腦，可於 arduino.cc/downloads 免費下載
» 專題程式碼，Arduino 腳本程式碼 patent122944.ino，可至 makezine.com/go/3d-printed-1872-motor 免費下載

從1790年到1880年，美國的專利申請要求提供可運作的「專利模型」來展示要註冊的裝置。這些模型機器是由精巧工匠所製且可實際運作的展示品，在現今它們則是代表工業革命時代科技突飛猛進的證明。羅斯柴爾德・彼得森專利模型博物館（Rothschild Petersen Patent Model Museum）的所有人亞倫・羅斯柴爾德（Alan Rothschild）蒐集了數千個這樣的模型，亞倫和我很高興收到Maker Media的挑戰，用3D列印來製作這些模型收藏中的其中一個。

這個美國專利號122944的電磁引擎，於1872年由紐約州威廉斯堡的查爾斯・高姆（Charles Gaume）申請專利獲准（圖Ⓐ）。這個模型使用旋轉黃銅輪的系統來提供脈衝給電磁線圈並轉動鐵棒電樞，藉此將電能轉換為機械能。而在現代，這個創新的機制被複製，並應用於電腦風扇和四軸飛行器等無刷馬達中。

1. 製作電磁鐵

這個馬達模型的核心是3個電磁鐵。接下來你分別會用一個U型螺栓、一條線規22電線和3D列印件來製作。

首先用弓鋸，依照3D列印的切割模板把三個U型螺栓的末端裁掉（第四個螺栓是多餘的，但專題需要用到它的支架）。用銼刀或研磨機把切面磨平。

把清理後的U型螺栓夾在印好的兩個磁鐵座中間，再用M5螺栓將其固定。最後把螺帽鎖上U型螺栓，並和末端切齊。

接下來要纏繞電磁線圈，繞的方向很重要：起初先讓電線從U型螺栓的後方穿過（圖Ⓑ），接著以順時鐘方向纏繞。線要纏得緊又整齊，因為你將會需要在上面纏許多圈。

一直繞到碰到螺帽為止，再接著繞第二層，往螺栓下方繞，請以相同方向纏繞（圖Ⓒ），總共需纏繞四層線圈。

把線拉到U型螺栓的另一側，在這側同樣也繞四層，但需要反過來用逆時鐘方向繞。

剩下兩個電磁鐵也用相同方式纏繞，再用電氣膠帶或熱縮套管把線圈包起來，防止它們鬆開（圖Ⓓ）。

Michael Curry

2. 製作轉子

轉子使用 U 型螺栓的 4 個支架構成，做為讓電磁鐵作動的鐵製物體。把每個支架壓入轉子上的插槽，再把軸裝入轉子中，直到接觸擋板，讓轉子置中（圖 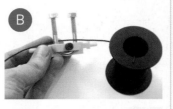E）。

3. 組裝馬達架

轉子會在兩個 608 滑板軸承上旋轉，在支架各壓入一個軸承。（圖 F）。

把支架翻過來，讓軸承面向下方，接著把 3 個電磁鐵壓入定位中固定（把洞塞滿），並確認它們的方向是相同的（圖 G）。

把轉子放入軸承，接著裝上第二個支架。最後，把定時輪和滑輪裝在軸的其中一端（哪一端不重要，因為是裝飾用的）。

4. 磁鐵接線

把 3 個右手電線連接起來，構成一個共用的正極，這個地方要和 Arduino 的正極相連。其他三條電線是負極，用來連接電磁鐵和 MOSFET 開關；我習慣在線的末端加上顏色以方便區分。為了製造老式電線的外觀效果，我把四條電線都穿過一條寬的鞋帶。

5. 連接 Arduino 控制器

1872 年的專利模型採用機械系統依正確順序對線圈施以脈衝，藉此推動馬達。我用 Arduino 和一個 MOSFET 電晶體來取代這個系統，讓這個模型更容易製作與改造。

電磁鐵需要 1.5V 的電壓和很多電流，都由 1 號電池提供。我透過 Arduino 為 MOSFET 定序，用來控制線圈的開啟和關閉。依照專題網頁的電路圖在麵包板上接線（圖 H），接著把專題程式碼上傳到 Arduino。

6. 啟動馬達

用手指輕輕彈動馬達，讓它旋轉。（Arduino 的定序程式碼很單純，所以無法讓馬達在靜止狀態下加速。）這樣一個可運作的 1872 年電磁鐵馬達複製品就完成了！

在 makezine.com/go/3d-printed-1872-motor，可以找到麵包板電路圖、更多逐步照片、影片、小技巧和專題程式碼。

本專題節錄自亞倫·羅斯柴爾德和安·羅斯柴爾德（Maker Media）所著的《Inventing a Better Mousetrap: 200 Years of American History in the Amazing World of Patent Models》於 Maker Shed (makershed.com) 及各大書店有售。

B

C

D

E

F

G

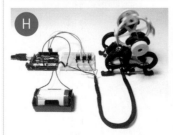
H

1. 發條馬達
葛雷格·祖沃特
thingiverse.com/thing:402412

利用 PLA 塑膠做為 3D 列印材料的發條馬達，使彈簧具有良好的彈性。汽車底盤版和直線加速賽車版（thing:430050 and thing:452248）可以好好發揮這儲存的能量！

2. 微型吸塵器
麥可·科里
thingiverse.com/thing:539986

需要一個小型的桌面吸塵器嗎？當你在列印製作時還能順便研究吸塵器的原理。使用直流馬達驅動，並用衛生紙做為濾網。

3. 自製噴射引擎
派翠克·薩維爾（奇異公司）
thingiverse.com/thing:392115

這個曲柄驅動的噴射引擎剖面模型完全由 3D 列印而成，並以黏膠組裝而成。還有精美的 2D 列印外盒，可以把這個引擎包裝成禮物或用來展示。

How to
Connect Optical Fibers to LEDs and Sensors

文：弗里斯特‧M‧密馬斯三世
譯：屠建明

弗里斯特‧M‧密馬斯三世
Forrest M. Mims III
（ forrestmims.org ）是一位業餘科學家、勞力士獎得主，並獲得《 Discover 》雜誌評選為「科學界50顆金頭腦」。他的著作已銷售過七百萬冊。

時間：
15~30分鐘
成本：
10~20美元

材料
» 塑膠光纖，2.2mm
» LED，光電晶體或光二極體，5mm 環氧樹脂包覆
» 熱縮套管，6mm 或 or 8mm
» 塑膠膠合劑或氰基丙烯酸酯（CA）黏著劑，即強力膠

工具
» 筆刀
» 砂紙：號數 200 及 400 或 600
» 放大鏡，10 倍
» 電鑽或高速旋轉工具，Dremel 7700 或類似者
» 鑽頭：³/₆₄" 及 ⁷/₆₄"
» 虎鉗或夾具
» 熱風槍或丁烷打火機，或其他熱源

用光纖連接 LED 與感測器
捨棄市售連結器，自製簡易的光纖接頭

　　光纖是由超透明的塑膠、玻璃或二氧化矽線所構成，用護套和保護塗層包覆中間的核心。射入光纖核心的光線在其由另一端射出前都不會洩漏，使得點對點的光線傳輸耗損極低，甚至可以讓光線垂直轉彎，造成光線留在核心內的原因是護套的折射率比核心要來得更高。

　　二氧化矽光纖主要用於長途傳輸高頻寬資料，便宜的塑膠光纖則廣泛用於感測器、照明裝置和玩具中，當在需要電絕緣或對抗天候和腐蝕性環境的情況時，會使用光纖將光線連接到光二極體上。

　　塑膠光纖還可用於展示品的照明，或是在手電筒無法進入的地方提供照明。

用光纖連接 LED 與感測器

　　市面上有販售各種 LED 和光感測器使用的光纖接頭，但不需要接頭就可以直接把二氧化矽和塑膠光纖接到 LED 和感測器上。在本文的例子中，我使用一般 5mm 透明環氧樹脂包裝的 LED 和管徑 2.2mm 包覆 1mm 核心的黑色聚乙烯塑膠光纖。我是在 Jameco Electronics（ jameco.com ）上購買光纖，但你也可以從其他購物網站購買，例如 eBay。而本文所描述的方法也適用於其他大多數的光纖。

準備光纖接頭

　　大部分在使用時，為使光纖接頭獲得最

Hep Svadja

佳效果，儘量將其截面維持平整或稍微打磨。要達成此效果的方式很簡單，先把光纖放在木製平面上，再用銳利的筆刀垂直下切，切掉幾公厘的光纖。接著把號數200的砂紙置於平坦表面，將光纖的截面壓在上面磨個幾圈。最後，再用號數400或600的砂紙進行細部打磨。圖 A 便是用這種方式打磨的光纖接頭，而邊緣粗糙的光纖護套可以用筆刀切除。

套上熱縮套管

使用熱縮套管可以很簡單地將光纖接到LED和感測器上，這個方法並不適合戶外這類的長時間使用，但在簡單的實驗中用來展示2.2mm光纖的效果卻很好。為求最佳效果，請使用直徑6mm或8mm的熱縮套管和5mm的LED或感測器。

首先把1"長的熱縮套管套在LED或感測器上，並且用熱風槍加熱，直到緊實地將LED固定為止。再把光纖的接頭插入套管的開口並繼續加熱。依直徑的不同，光纖可能會固定住，或是在套管中滑進滑出（圖 B）。你可以用黏著劑把滑動的光纖接頭固定住，或者讓其保持可拔插的狀態。

永久直接連接

在LED或感測器的環氧樹脂外殼上鑽孔，並把光纖黏著其中，可以形成更堅固的連接。你可以黏著光纖有護套的一端，或是移除一部分護套直接黏上光纖本身，在接合處用大約1"長的熱縮套管包覆即可。

依照以下步驟進行：

1. 用虎鉗或曬衣夾和大長尾夾做成的DIY夾具把LED或感測器固定住（圖 C）。

2. 在LED的頂點用細麥克筆直接畫一個加號（＋），我使用的是手持型電池驅動的Dremel 7700搭配 3/64" 鑽頭。將轉動中的鑽頭接觸加號的中心並輕輕施加壓力，使鑽頭垂直鑽入裝置（圖 D）。謹慎地鑽到發光或感光晶片的正上方（圖 E）。

3/64" 鑽頭鑽出的洞應該能容納1mm的裸露光纖核心，如果要連接的是有護套的2.2mm光纖，請謹慎地用 7/64" 鑽頭把洞擴大。

3. 用空氣噴槍清出洞裡的碎屑，並確保晶片上方無受損。

4. 把磨光後的光纖接頭插入洞中，再用強力膠或其他黏著劑固定，並使其乾燥。圖 F 為藍色LED插入接頭裸露的光纖；圖 G 則為有護套的光纖插入白色LED中。

5. 用適當長度的暗色熱縮套管包覆LED或感測器以及光纖約1"的長度，並加熱使其固定。

動手做更多

你可以立即開始把連接完成的作品用於照明專題、道具、模型或攝影中。我用10秒曝光嘗試畫了一些長曝塗鴉（圖 H）。適時的關閉LED可以使線條斷開，還可以用多條光纖來增添色彩。

在之後的文章中，我會教你如何用光纖連接LED和光電晶體做出高感度的感測器。

此外，你也可以延伸這裡的作法，設計自己的接頭。用原子筆管當做外殼來製作光纖筆或微型光源，也可以考慮3D列印自己設計的連接裝置。

CHIP WIRE

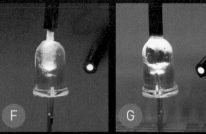

小祕訣：

如果你是把光纖用於光感測器，請在裸露的感測器底座塗上黑色琺瑯塗料，以遮擋外來光線。因為紅外線波長可能會穿透黑漆，所以會需要額外的遮蓋。

你會把DIY光纖用在哪些地方呢？到makezine. com/go/DIY-fiber-optic-connections分享你的點子和專題吧。

Forrest M. Mims III & Hep Svadja

Paper Circuit Greeting Card
電路卡片隨手做 快速製作免焊接的發光LED情人卡

文、圖：趙珩宇

趙珩宇

師大科技所研究生，主攻科技教育，喜愛參與自造者社群活動，希望將自造社群的美好以及活力帶給大家。

　　對於平時忙碌的 Maker 們來說，情人節總是來得又快又急，一不小心就發現原來當天就是情人節，而且只剩不到半天情人節就要過了，對於忙碌、記性差又沒帶著隨身焊接工具的的 Maker 來說實在是十分緊張的時刻。如何在身邊沒有各式加工機具的情況下完成一張美麗又能取悅另一半的 Maker 電路卡片呢？讓我們一起看下去吧。

1. 小技術，大驚喜

　　單純地製作一張卡片對於 Maker 們來說應該有些簡單，不增加一些會讓人感到驚奇的功能真的會覺得對不起自己，但 3D 列印需要花費許多時間，對於剩不到半天時間情人節就過了的狀態實在緩不濟急；一時之間又來不及找到地方進行雷射切割，所以在這張卡片上我就決定加上時常接觸的電路來給另一半一個驚喜。

A

B

C

D

E

F

在身邊沒有焊接工具與材料的情況下，電路的設計方式採用畫在紙製卡片上的形式；而且，將電路畫在卡片上然後再將LED黏在電路上的做法，不但能保持紙張的柔軟性質，也讓卡片增添不少趣味性與驚奇感。

2. 準備材料

在紙張上畫電路需要選用特殊的筆材，國小時期常見的方式是使用平常使用的鉛筆在紙張上畫上厚厚的一層，透過石墨的導電性就能做出簡單的導電電路；但因為鉛筆的電阻值較高，在較長的路徑下會使LED看起來較為黯淡，因此在這邊我並不打算使用此種方式來製作電路。

去年較熱門的方式是使用日本廠商設計的「AgIC導電筆」來繪製電路，但其實類似的產品在電子電路等相關領域已經使用多年，在市面上也可輕鬆購得，一般我們稱它為「銀漆筆」。銀漆筆的電阻較低，價格約在400到1,000元，過去多使用在電路板上的電路破損時的維修與補救，而這次的專題中，我們將使用它來為我們畫上美美的電路。

本次專題材料準備的第一站就選了臺北市最方便購買電子材料的光華商場，在這邊我們選購了銀漆筆、鋁箔膠帶以及自己喜歡的LED（圖 A）。而第二站則是方便的文具行與美術材料行，買齊了需要的紙張材料就能製作出獨一無二的電路卡片囉。

時間：
2小時
成本：
約600新臺幣

材料

» 銀漆筆
» LED：所需的量。
» 鋁箔貼紙
» 美術紙卡
» 色筆

工具

» 剪刀
» 美工刀
» 口紅膠
» 三用電錶

3. 外觀設計與電路規劃

開始製作時其實就跟一般的卡片設計相去不遠，構圖、文字等皆與過去製作卡片時相同，但在這邊版面設計上有一點需要注意的地方：就是導電電路的位置，以及LED收納的問題。你可以將導電電路完全隱藏起來，使人從外觀上完全看不出來，或是利用它的顏色為銀色的特性，直接當做是卡片上的裝飾（圖 B ）。

> **小祕訣：** LED 的接腳較長，因此在設計上則須注意如何將接腳於卡片上藏起。

在瞭解製作電路卡片製作上需要特別注意的地方後，就可以來決定LED與電池的放置位置。同樣建議在裝置電池時能將其隱藏起來，讓卡片看起來美麗一些。電池的正負極各會需要一張紙接觸才能將電路導通，所以可以很順理成章地把電池給隱藏起來（圖 C 、 D ）。

另外建議大家可以選擇簡單的鈕扣電池做為卡片上的供電電源，在採購電池時，因為一般LED燈泡所需的電壓起碼要1.8V，白、藍、翠綠的顏色更需要到3.0V，而市面上的鈕扣電池所提供的電壓有兩種規格：1.5V和3.0V，所以建議在購買時直接購買3.0V的鈕扣電池即可。關於卡片上總共所需幾顆電池的問題則端看

個人需要裝上幾顆LED囉，基本上可以參考國中時所教的串、並聯的電學內容進行製作，在這邊因為我們只裝一顆LED，所以只用了一顆鈕扣電池。

為了將不想看到的電路隱藏起來，我們另外拿了一張卡紙做了卡片的外框（圖 E ）；而將放置LED的位置則使用透光的玻璃紙遮蔽，使LED發亮時，光線更顯得柔和。配製LED時要特別注意它的正負極，LED的正極為長腳、負極為短腳，簡單的口訣為「長正短負」，如果真的不確定又十分無奈時，可以將LED燈接上電池直接試試看哪個方向會亮？當確定正負後就可以加以固定，黏在預先規劃好的位置上（圖 F ）。

4. 互動開關

電路卡片最讓人喜歡的地方，就是電路會不經意的導通，給收到卡片的人帶來驚奇，因此在如何設計卡片上開關的運作與位置就變得非常重要了。一般而言，卡片上的開關會以單切開關的為主要的設計方式，即將開關設計成指甲刀的形式，當按下後電路就會導通。為了達到此種設計，在這邊我們利用了鋁箔膠帶做為導通的媒介。鋁箔膠帶一面有上膠、另一面則是可導電的鋁箔。在操作時上膠的一面無法導電，因此只有單面可提供導電。不過在實際製作電路卡片時，由於使用銀漆筆會有厚薄不均或是在多次按壓後脫落的問題，

所以在需要與人互動或是進行操作的電路與位置上，我通常會使用鋁箔膠帶以維持它的耐用度（圖 G ）。

當開關設計好後，就以鋁箔膠帶將電池也固定上去吧。建議將電路隱藏起來前，先測試設計的電路是否能正常運作。有時候因為銀漆筆所繪製的線條太細，會使得電路上的電阻變得太高，使得電路無法導通。此時可以使用三用電錶進行測試，或是使用LED在可能發生電路斷裂、電路過細的地方進行測試，如有發生以上狀況則再使用銀漆筆補上即可，從圖 H 可看出原本的文字被加粗了不少。

5. 最後裝飾

確定電路都能正常運作後，就能將不希望露出的電路隱藏起來，在製作上可以直接使用雙面膠或是泡棉膠等黏在已繪製好的電路上，但建議不要再將其撕起，以免電路受損。在最後裝飾的部分，建議可以在互動的位置另外製作操作指示或裝飾（圖 I ），讓收到卡片的人也能快速地發現你精心製作卡片上的特殊巧思並給予你愉快的回饋囉。

心動了嗎？快點一起來動手做吧！

更多LED電路卡片專題，請見makezine.com/projects/led-pop-up-cards/。

宇宙射線探測器

文：克蘭帝・甘索提 ■ 圖：安德魯・J・尼爾森
譯：王修聿

在家製作這個簡易的雲室，並探測宇宙射線的渺子、電子和α粒子。

1. 固定毛氈

拿兩塊磁鐵分別置於杯底內外側，藉此將一塊毛氈固定在杯底。

2. 備妥杯子

戴上護目鏡，倒入適量的異丙醇，使其完全浸濕毛氈。

» 用厚約 ½" 的培樂多黏土封住杯緣，以防酒精蒸氣從杯子和金屬盤間的空隙揮發。

3. 將杯子黏在盤子上

穿上工作圍裙並戴上手套，倒一些乾冰在保麗龍盒蓋中。將金屬盤置於其上，靜待表面冷卻至相當低溫。

» 將杯子倒放在金屬盤上，並用力壓緊，讓杯子黏在上面。如果你的黏土因為沾到異丙醇而變乾，可以試著用塑泥代替。

關上燈，用手電筒照亮最接近金屬盤的區域。2 至 3 分鐘後，酒精蒸氣會形成過飽和霧狀。當帶電粒子快速通過時，會沿途電離蒸氣原子。這會引發凝結過程，便能看到帶電粒子的軌跡。 ✪

α粒子　電子
渺子

請至 makezine.com/go/simple-cloud-chamber 觀看雲室的運作

克蘭帝・甘索提
Kranti Gunthoti
和薩瑪莎・克蘭隉姜雅
Samatha
Krabthijanya

是物理迷。他們最愛的消遣就是設計科學實驗，探討大自然如何運作。

時間：
1~2小時
成本：
20~40美元

材料

» 濃度 99% 的異丙醇
» 乾冰（固態二氧化碳）
» 黑色毛氈
» 透明塑膠杯
» 培樂多黏土或塑泥
» 盤子或平底鍋，黑色金屬材質
» 手電筒
» 釹磁鐵（2）
» 保麗龍盒蓋
» 絕緣手套
» 護目鏡
» 工作圍裙

不同的粒子軌跡類型：

» 長且細的軌跡是渺子，源自宇宙射線。
» 短而粗的軌跡是 α 粒子，由大氣中的氡原子造成，和宇宙射線無關。
» 波動的軌跡是正在多重散射的低電量電子。

Willebrord Snell and Triangulation

文：威廉・葛斯達　圖：約翰・湯瑪士　譯：王修聿

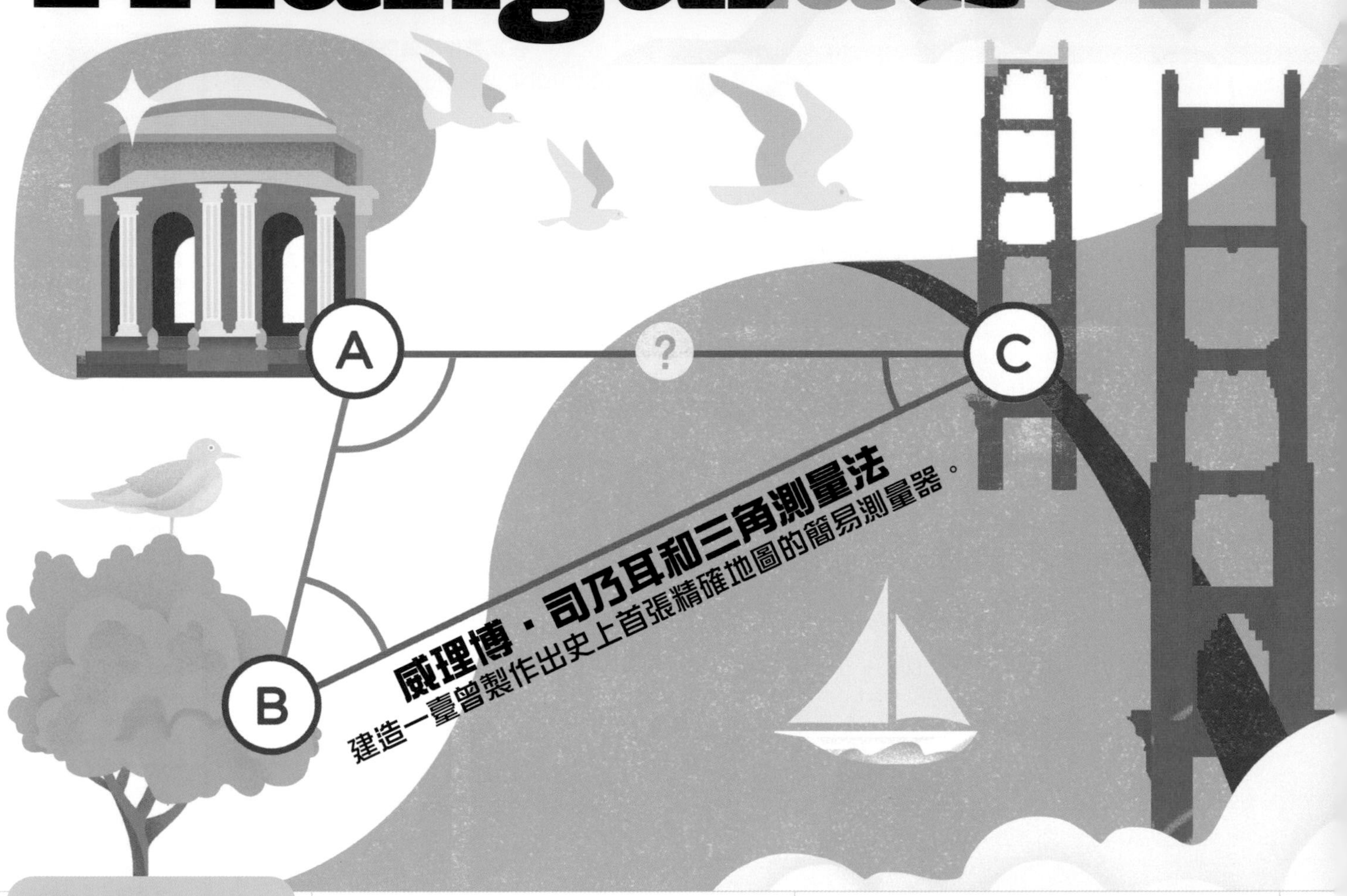

威理博・司乃耳和三角測量法

建造一臺曾曾製作出史上首張精確地圖的簡易測量器。

時間：
30～60分鐘
成本：
35～40美元

材料

» 塑膠半圓量角器像是 Harbor Freight 網站商品編號 #94963
» 地毯釘或是小盒釘子（2 盒）
» 小塑膠塊，1"×1"×½" 也可接合兩塊厚 ¼" 的塑膠塊
» 相機腳架 便宜的大概 15 — 20 美元

工具

» 鑽孔器和 ³/₁₆" 鑽頭
» 螺絲攻，¼"-20UNC，附把手
» 膠水

荷蘭萊頓市市民一定好奇過那位來自大學的怪咖的行徑。在1614和1615年期間，他們看著年輕數學教授威理博・司乃耳（Willebrord Snell）不斷在市鎮教堂的尖塔和鐘樓上爬上爬下，身上還搬著一塊巨大的四分之一圓鐵塊。接著他們還看見他謹慎地將一條長金屬鍊拉來拉去，並一邊在筆記本上仔細寫下筆記。這傢伙到底想做什麼呢？

結果發現他是在忙著創造科學史。司乃耳教授是在創造測地學，同時替未來奠定測量學的根基。

更精確地來說，司乃耳是在設法測量出地球的實際大小。早在他之前的近兩千年，出生於昔蘭尼（Cyrene）的希臘科學家埃拉托斯特尼（Eratosthenes）就先首度嘗試了測量地球，他運用正午時太陽倒影長度在兩個市鎮間的落差做為計算基礎。埃拉托斯特尼所計算出的地球圓周相當準確，但司乃耳認為利用自己新創的計算方法能夠算得更精準，也就是三角測量方法，適合用以測量很長的距離。司乃耳的方法改變了一切，歐洲的科學家很快便瞭解到三角測量的厲害與價值。

在司乃耳創出三角測量之前，若欲測量兩座城市或地標之間的距離，就只能直接測量。其中一個常見的方法就是製作兩支極長的直尺，用交互前進的方式，測量兩個端點間最平直的路線。這個方法很快就落伍了，所以有人想出稍微好一點的點子，也就是計算車輪所轉圈數，再用基礎代

數學算出車輛行駛了多少呎或碼。這些測量方法都不是很準確，況且若兩端點間有任何障礙物，像是山川等，這兩個方法就完全不管用了。

身為數學教授，司乃耳非常熟悉早期希臘和阿拉伯數學家提出的三角學原理。他從這些先賢的著作，瞭解到三角形都有三個邊和三個角，而且只要知道三角形兩角一邊或是兩邊一角的數值，就能精確得出其他的邊和角。

具體而言，司乃耳用了兩個三角學公式，也就是正弦和餘弦定律，創出現代三角測量的應用方法：計算兩點距離的方法，就是先找出一條精密測定過的基線，接著測量最遠點和基線兩端點的角度。司乃耳的偉大創新，即是利用先前已測量出的數值，來精確計算出新基線的長度，而非實際測量之，這徹底突破了以往測量大面積土地的速度和精確度。他靠著這種測量法，以及他可靠的四分之一圓（讓市民十分困惑的鐵製工具），繪出了荷蘭的全國地圖。過沒多久，測量員和製圖員開始繪製精確度更勝以往的世界地圖。

瞭解三角測量法

三角測量並不難學。本期的Remaking History要教你製作簡單的測量工具，無論什麼人都能用來計算距離，以製出好地圖。

假設你必須知道如前頁圖片所示的Ⓐ點（藝術宮）到Ⓒ點（金門大橋）距離。由於兩者中間有海灣阻隔，因此無法直接測量兩點距離，不過從Ⓐ點和Ⓑ點（附近某棵樹）都能看見Ⓒ點。

首先，找出Ⓐ和Ⓑ點連線上，一條經過精密測定的基線。基線愈長，距離的量測就愈準確。請使用捲尺或是其他直讀式量測工具。

接著，到Ⓐ點測量Ⓑ和Ⓒ點間的角度。再到Ⓑ點測量Ⓐ和Ⓒ點間的角度。現在已知兩角。利用三角形內角相加等於180°的定理，算出第三個內角。

現在計算AC邊長的所需資訊都齊全了。只要使用計算機計算數值，並運用正弦定律即可：

$$\frac{\sin CAB}{BC} = \frac{\sin ABC}{AC} = \frac{\sin ACB}{AB}$$

你知道AB邊長，也知道角ACB和角ABC為多少。只要查三角函數數值表，運用比例式，就能算出AC邊長。

自製測量員的半圓儀

三角測量精準的關鍵，就是精確量出角度。這會需要使用到司乃耳流的量角工具：測量員的半圓儀，又稱作測角器或半圓測角儀，是經緯儀的前身。

1. 在1"×1"×½"塑膠塊的面中心鑽一個³/₁₆"的孔。

2. 用¼"-20 UNC的螺絲攻在孔裡攻螺紋。

3. 將塑膠塊黏在半圓量角器背面。

4. 將釘子黏在控制旋鈕上做為照準器，盡可能讓釘子和旋鈕垂直。

5. 將雲臺螺絲栓進塑膠塊的螺旋孔。

欲測量有距離的兩物體之間的角度，以釘子做為照準器，讓前後釘子同時對齊其中一物體。找出另一物體在度數板的相對位置，即可知道度數。◣

威廉‧葛斯達
William Gurstelle
是 Make 雜誌的特約編輯。他的新書《捍衛城堡》（ Defending Your Castle ）在各大書局都買得到。

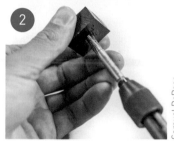

Samuel DeRose

+SKILL BUILDER
如何切製螺紋

用來切削外螺紋的工具叫作螺模。內螺紋則是利用螺紋攻來切製。此項目需要在孔中切出螺紋，代表你所切製的是內螺紋。

A. 開始螺紋切製作業，仔細將螺紋攻的主軸平行對準鑽孔。

B. 先將螺紋攻旋進 ½ 圈，再退回 ¼ 圈排屑，避免螺紋攻阻塞。

C. 繼續重複上個步驟，直到攻到孔底。

+ 教學示意圖請參照 makezine. com/go/tap-threads。

欲完整瞭解如何使用測角器測量距離，甚至是測量更簡單的飛行中無人機或其他物體的高度，請詳見專題頁面 makezine.com/go/diy-surveyors-semicircle。

1/2/3/ 種水晶自己來

文、圖：艾瑪 查普曼
譯：王修聿

這既是手工藝，也是廚房實驗，在家裡也能輕易地種出明礬水晶。我利用蛋殼創造出水晶洞般的效果，但你能實驗其他方式看看，像是種在石頭或懸空的釣線上。

1. 切割蛋殼

拿筆刀將蛋殼沿長邊割開，切割過程會搞得髒兮兮的，所以請在水槽進行，最後將蛋殼洗淨風乾。

2. 加入晶種

於蛋殼內側刷上一層薄薄的白膠，然後撒上明礬後風乾一晚。這些就是你的晶種，讓明礬溶液（步驟3）有附著生長的地方。

3. 攪拌後靜置

將兩杯水加熱近沸騰，加入食用色素（每種顏色約40滴）與¾杯的明礬，攪拌至明礬完全溶解。

等待10分鐘，使溶液降溫。將溶液倒入容器內，戴上手套以免弄髒手，將蛋殼開口朝上放入容器中。

靜置水晶於染色溶液裡，讓它結晶8小時以上。我的結晶了20小時，水晶變得好大呢！最後將成品清洗乾淨，再風乾即可。 ◐

艾瑪 查普曼
Emma Chapman
和依莉絲（Elise）姊妹倆是女性生活風格公司（abeautifulmess.com）的共同創辦人，分享居家布置設計、食譜、手工藝與中西部的生活點滴。

時間：
1～2小時
成本：
5～10美元

材料

» 雞蛋數顆
» 明礬：香料區皆有售。我建議不要使用明礬粉，為取得最佳成果，選擇醃漬常用的顆粒狀明礬，顆粒狀明礬外觀就像小水晶（因為它們就是結晶）。
» 白膠
» 食用色素
» 熱開水
» X-Acto 筆刀
» 水彩筆
» 塑膠容器：染了色也無所謂的那種
» 手套

想看更多的照片並分享你的成品，請至makezine.com/go/123-crystals。

Toy Inventor's Notebook

保麗龍獵鷹 FOAM PLATE FALCON

文、圖：鮑勃・納茲格
譯：屠建明

時間：
數分鐘
成本：
0～1美元

材料
» 保麗龍免洗盤
» 硬幣
» 膠帶
» 剪刀
» 電腦及印表機
» 筆刀或電熱保麗龍切割器

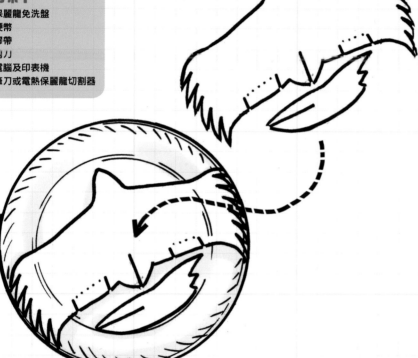

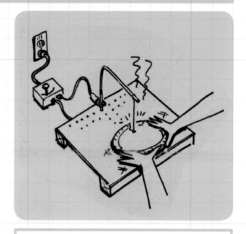

小祕訣：你可以用筆刀來進行切割，但用《MAKE》英文版 Vol.16 中「5 分鐘保麗龍工廠」（FMFF）所提到的電熱切割器（makezine.com/go/5-minute-foam-factory）可以增添更多樂趣，因為用它可以一次切出一疊保麗龍獵鷹。

趕快去回收保麗龍免洗盤，然後做成飛天獵鷹吧！

到 makezine.com/go/foamplate-falcon 下載完整尺寸的模版，印在厚紙或卡紙上，並小心地把兩片零件裁下來，其中一個是翅膀和身體，另一個則是尾翼，記得要切出尾翼和副翼的小插槽。

如果你是用手切，先把圖形放在盤子上，再用原子筆沿著邊緣描線。接著以筆刀或剪刀小心地將其裁下來。如果是用 FMFF 切割（見上方「小祕訣」），把圖形插針固定在泡棉盤上，並接上鱷魚夾通電。調整電壓讓切割線的溫度剛好割斷保麗龍，但不會讓它冒煙或起火。如此可以減少有害氣體的產生，但一定要在室外或

通風良好的地方切割！沿著圖形滑過就能輕鬆地切開保麗龍。如果偏離路徑，只要回頭稍微修整即可，記得也要切出插槽。

組裝時，把尾翼滑入插槽，如圖所示。用膠帶黏上一個硬幣做為機鼻配重。稍微把副翼向上彎，並把尾翼調整為垂直。盤子彎曲的邊緣會使雙翼具有雙面角。

要試飛時，由高處輕輕投擲，讓獵鷹往下滑行。必要時可以調整副翼和配重的位置。飛行愉快！●

到makezine.com/go/foam-plate-falcon下載獵鷹圖形並分享你的獵鷹的飛行英姿吧。

無線精密螺絲起子

20美元：craftsman.com

其實在進行專題時使用一組標準的精密螺絲起子並沒有「那麼」困難，但當有一堆故障的迷你無人飛行器需要修理，還要進行很多小型電子專題時，我若一想到要花好幾個小時用指尖旋轉小螺絲起子，就讓我渾身提不起勁。

後來我發現這款電動精密螺絲起子，只需推拉開關，就能讓我輕鬆裝卸各種微小的螺絲。它的速度完全超越手動起子，而扭力也足以卸下旋得非常緊的螺絲，即使是最複雜的筆電拆解也不費吹灰之力。

這款螺絲起子附有六種精密起子頭，適用於多數的螺絲。無論是十字、一字和六角形都各兩種尺寸，並採用標準的4mm（ 5/32" ）起子頭，也就是說我可以換裝現有的大尺寸特殊起子頭，尖端的LED則能讓我看清楚起子頭和螺絲是否接合妥當。

它還是有幾個缺點，但影響並不大。像是需要花一點時間來習慣開關的用法，要以拿筆的方式而不是拿螺絲起子的方式來握它。雖然塑膠的外殼感覺並不耐用，但對減輕重量仍有所幫助。此外，在安裝深處的螺絲時它的機身會造成某些阻礙。

整體來看，我對它很滿意，因為我家現在到處擺著剛拆解完的電子產品。

——麥克・西尼斯

Hep Svadja

焊接配件組
750

290美元：pcbgrip.com

PCB Grip套件系統能解決我在電路板上施工所遭遇到的問題，從單純固定電路板到固定元件、夾住未固定電線及元件進行焊接等。甚至還有可以用於測試引線和探針的探針夾，以及可以當做焊接小幫手的鵝頸。

我對這個系統的高可調整性和成品的精細感到非常驚艷，它的設想很周到，幾乎所有可調整的部位都採用旋螺絲。

你可以單買需要的各別套件，或各種多功能套件組。一個額外的優點是，它使用開放原始碼鋁擠型和標準硬體，讓它便於改造擴充。

如果你在焊接電子零件或測試的過程中覺得有障礙，試試這個系統準沒錯。

——史都華・德治

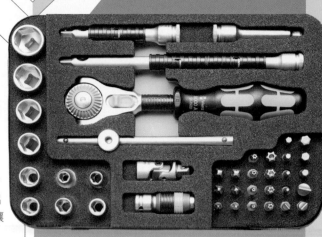

套筒扳手組
38件，³/₈" 組：300美元：
www-us.wera.de

有時候專題要遷就工具，有時後工具也得配合專題。Wera Zyklop Speed工具組附有廻轉棘輪，好用的扳手配件與套筒，還包含其他廠牌會省略的尺寸（例如 $^{11}/_{32}$"）。較大的套件有更多起子頭和轉接頭，可以用於各式各樣的螺絲，不只是六角螺帽和螺栓而已。這些套件比較小且精簡，但裡面仍有我所要用來裝卸機器人、電子產品和DIY專題中所需的大多數工具。

Zyklop Speed讓我最滿意的地方是它的廻轉棘輪在各種角度均可使用，像螺絲起子一樣旋轉使用的0°到可提供較大旋緊和鬆脫扭力的90°都行。我也很喜歡裡面那些小型又適合自造者使用的套筒尺寸，這是你在汽車用的套筒組裡找不到的。

這些套件有提供¼"、³/₈"和½"的尺寸，以及英制或公制的單位選擇。較大的套件附有鎖定延伸桿、手搖延伸桿、萬用接頭、滑動把手和鑽頭夾具，讓你不用在很多不同的來源中尋找所需的配件。

——SD

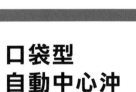

口袋型
自動中心沖

16.55美元：generaltool.com

要在金屬或其他堅硬且光滑的材質上鑽孔時，鑽頭常會偏離目標。為了能準確鑽孔，必須要用到中心沖，產生一個凹洞來引導鑽頭。傳統的手動中心沖需要兩手操作，一手握住中心沖，另一手則拿榔頭敲。再用第三隻手把物件拿穩。原來你沒有第三隻手？那買一個自動中心沖吧。

我常常使用這款General Tools出品的中心沖。我曾在市面上看過比它更貴的款式，也曾聽過其他人對它的批評，但對我而言用起來蠻順手的。它的彈簧可以根據不同材質進行調整，物件從PVC塑膠到柔鋼我都試過。我甚至測試過在其張力調整到最高的情況下用於高速鋼鑽頭的粗端上，但用在很堅硬的材質上會讓尖端很快鈍掉。

這支中心沖的尖端還可以當做畫線工具，在切割金屬前做記號，它可說是我的工作室裡最常使用的工具之一。下手吧，你不會後悔的。

——安德魯・特拉諾瓦

VEX ROBOTICS
大型HEXBUG昆蟲機器人
50～90美元：hexbug.com/vex

如果要找有趣、獨特，而且價格在100美元以下的機器人，通常沒有很多選擇。但是，VEX和Hexbug現在合作推出價格在50到80美元間的幾款機器人。

目前有四款機器人可供選擇：具有奇特輪子的螞蟻機器人、蜘蛛和聖甲蟲六腳機器人，以及具有八腳機制的大型Strandbeast。這些機器人的組裝相當單純，但可能會花上一些時間。經過我們的測試發現，這些號稱可以從無線操控切換到自主模式的機器人，在自主功能上稍嫌不足，但遙控模式很好玩。如果你想找個可以當成居家遙控玩具的套件，除了遙控車之外，它們會是更有趣的選項。

——凱勒・克拉夫特

有色分離式排針
每個0.99美元，5件以上有折扣：pololu.com

如果你曾經用過分離式排針，就一定知道它們有多好用。它們能讓擴充板與麵包板相連，並將開發板能連接到Arduino和其他微控制器或迷你電腦系統，屬於一種能快速把元件連接到焊接電路板或麵包板的作法。

現在Pololu更提升它們的規格，推出0.100"間距的1×40公對公排針，並且加上四種顏色來分類：紅、黃、藍、白。

我已經想好訂購的第一批排針要用在哪裡：紅色和黑色用於V+和供電線路；紅、黃、黑色則用來當做一排伺服接點；藍、白、黃色用於機器人專題中可區分感測器輸入腳位。這樣說你就懂了。

——SD

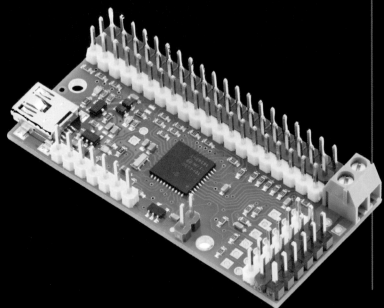

SHADOW
CHASSIS
幻影車架
13美元
sparkfun.com

你覺得13美元可以買到怎樣的機器人底盤呢？幻影車架提供相當堅韌的塑膠框架，不需工具就能組裝；精確切割的零件可完美接合零晃動。很適合做為入門機器人，也很適合當做高中機器人課程學習平臺的起點。

加裝零件很簡單：利用上層面板的各種固定孔來安裝硬體，其中包含一個伺服機固定孔和幾個Actobotics相容固定孔；你也可以依需要直接在ABS車架上鑽孔。反正只要13美元。如果你改造失敗，買個新的重新開始就行了。

SparkFun另外也提供一款85美元的「基礎套件」（商品編號13166），包含140RPM齒輪馬達、4xAA電池組、旋轉編碼器、微控制器和幾種感測器。

——約翰・白其多

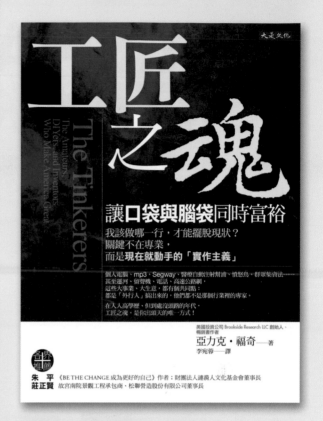

BRICK JOURNAL
積木世界
國際中文版　ISSUE 4

TwoMorrows

320元　馥林文化

　　繼上一期的建築主題後，這一期是人物角色，令人不禁讚嘆積木創作的無遠弗屆！這一期登場的人物陸續有初音、東方系列、超人、死侍、孫悟空、崔弟、嗶嗶鳥、蝙蝠俠、米老鼠、哈比人、銀河戰士、帝國偵察兵，可謂眾星雲集。除此之外，幾個帥氣十足、可愛萬分的原創人物，也躲在文章當中，伺機閃亮登場。從這些創作者的分享，讀者可以全面地了解如何用積木打造出一個角色，例如零件使用、比例拿捏、組裝技巧、創意發想等。完成作品後，可以不斷擺拍，喬姿勢、搭場景、換裝備，甚至設計角色之間的互動，編輯部為此（拍別人的作品）玩得不亦樂乎。

　　每一期除了不同主題之外，幾個固定專欄也在穩定中求變化。〈戴樂高玩樂高〉這次與 Maker Faire Taipei 策展團隊合作，示範了平面角色樂高化的重點；〈帕奇大陸〉創作團隊講故事的功力愈來愈引人入勝，進入刺客安莉希雅的內心世界；〈臺灣特色建築〉串聯兩棟劃時代的商業建築，今昔對照下微微透露時光荏苒的感慨；〈積木趴趴走〉來到臺中，感染臺中的溫馨人情味，之後也將繼續走訪各地。

工匠之魂，讓口袋與腦袋同時富裕

亞力克・福奇

340元　大是文化

　　該做哪一行，才能擺脫現狀？關鍵不在專業，而是現在就動手的「實作主義」。從愛迪生到賈伯斯，他們的共同之處就是都有著「工匠之魂」。他們的成就，與專業無關，而是多數人誤以為修修補補、看似不務正業的行徑，

　　什麼是工匠之魂（The Tinkerers）？絕對不要以為就是拿著搥子敲敲打打而已，美國投資公司 Brookside Research LLC 創始人、暢銷書作者亞力克・福奇，要打破一般人對工匠職人的錯誤印象。他認為工匠之魂有三樣基本特點：

1. 這些人身邊有很多精通某個領域的專家，但自己卻是個通才。
2. 他們所注重的，常是一般人視而不見的小玩意（誤以為是個小玩意）。
3. 會利用現有的產品或技術，替許多人解決正面臨的問題。

　　「工匠之魂」的關鍵在於想法，而不是技藝。本書透過多個實際案例告訴您如何在實體及虛擬世界中成為能解決問題的那個人，讓口袋與腦袋同時富裕。

VELLEMAN VERTEX K8400

這款雙噴頭3D印表機套件雖低價，但卻可達到實在的成果

文、攝影：麥特・史多茲　譯：屠建明

Velleman Vertex
vertex3dprinter.eu

- 測試時價格：799美元
- 最大成型尺寸：180×200×190mm
- 列印臺形式：冷玻璃與專用BuildTak板
- 溫度控制：有
- 材料：多種
- 離線列印：內建SD卡及LCD讓隨處列印更容易。
- 機上控制：有，具備機上LCD與控制旋鈕。
- 主機軟體：專用版Repetier-Host
- 切層軟體：CuraEngine，以Repetier-Host執行。
- 作業系統：Windows，僅供切層軟體使用，但亦可用於其他跨平臺切層軟體。
- 韌體：Marlin
- 開放軟體：有
- 開放硬體：有，CC-BY-NC-SA 3.0。

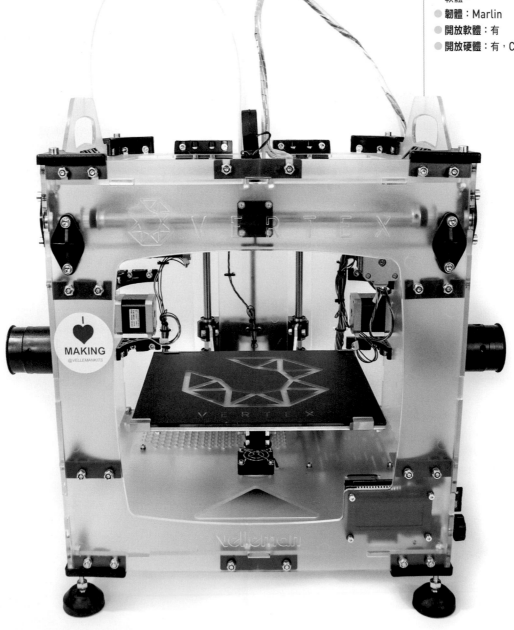

創立超過40年的Velleman是一家知名電子套件公司。

Velleman在2013年以開放原始碼3D印表機套件K8200進軍3D列印市場，現在該團隊則將原先的K8200大幅改良後，推出續作K8400 Vertex。

運作順利的雙噴頭

新機型備受期待的功能是可選購的包登式雙擠出噴頭；雖然多數的DIY和套件印表機都可使用雙噴頭，但Velleman卻正式把它列入K8400的元件選項中，也就是本文中我們所測試的版本。包登式設計讓兩個噴頭彼此更靠近，所以使用者會損失較少的成型空間，並同時保有雙噴頭的優勢。在我們的測試中並沒有出現因噴嘴不平整而造成的列印問題，它採用有兩個平順旋轉的整合線軸來搭配它的雙噴頭。

在缺點方面，我覺得裝載線材有點困難，但把冷卻端稍微重新設計一下應該就能讓裝載線材的路徑更順暢。

新機型、大列印臺

K8400同時推出重新設計的列印平臺系統，過往的K8200只能在Z軸移動固定式噴頭，設計師們用可在XY平面移動的擠出噴頭和可在Z軸移動的列印平臺，類似廣受好評的Ultimaker的構造。

Vertex的所有線性軸承都選用易格斯的聚合物軸承，這與重保養且壽命又短的傳統滾珠軸承相比，可說是一大升級。而且這種聚合物軸承也比較安靜，更適合在家中使用。

雖然Vertex沒有加熱列印平臺，但它的玻璃列印平臺有BuildTak塗層，有助於多種材質的黏著。而其大型（180mm×200mm）列印平臺只要把四個金屬夾旋開就能輕鬆取出。雖然沒有自動校準系統，但它的手動三點校準系統比以前常見的四點校準要來得好用許多。

專用 REPETIER 軟體

在切層和列印控制方面，Velleman採用自家廣受歡迎的Repetier-Host。這個套裝使用CuraEngine（Cura的後端切層部分）進行切層，並設定成Vertex的專用組態。可惜的是，目前這個套裝只有Windows版本；然而，這應該不難解決，因為Repetier和Cura都是跨平臺軟體。

令人滿意的成果

其整體列印品質非常好，表面的品質讓迷你Makey機器人上的文字相當清楚，而且懸空列印測試的結果也很突出，當單層列印時間較短的時候在橋接的部分會表現得比較差。根據切層預設最低的單層列印時間為10秒，這代表Z軸探針在快速列印的切層時，會將擠出噴頭移開一段時間，讓該層冷卻。但這會留下一條痕跡，並在新的一層開始時會造成不連貫的列印接面。不過這個問題可以藉由調整最低單層列印時間和倒抽等設定來解決，希望Velleman會繼續調整設定檔，以優化這方面的問題（有關我們的測試方法，請參考makezine.com/go/test-probes）。

套件包裝

Vertex和Velleman的其他產品一樣是以套件形式販賣，但我們測試的機器是Velleman團隊預先組裝完成的。對於想自己組裝印表機的使用者而言，該公司準備了一系列很詳細的文件說明。搭配活躍的線上論壇，可以讓使用者們互相討論各種學到的技巧和訣竅。

結論

Vertex對任何想要體驗親手組裝機器的使用者而言是個很棒的選擇，它的各種額外功能讓它很突出，而且對這樣的價位而言，實在是物超所值。🖊

列印評分：26

● 精確度	1 2 3	4 5
● 層高	1 2 3	4 5
● 橋接	1	2 3 4 5
● 懸空列印	1 2 3	4 5
● 細部特徵	1 2	3 4 5
● 表面曲線	1 2 3	4 5
● 表面總評	1 2 3	4 5
● 公差	1	2 3 4 5
● XY平面	共振	不合格（0）
● Z軸	共振	不合格（0）

專業建議

● 不要潤滑聚合物軸承，可能會在內部堆積髒污並縮短壽命。

● 裝入線材時，把它拉直，不要有任何彎曲，如此可使其更容易進入擠出噴頭中。

購買理由

對想要有很多附加功能的雙噴頭3D印表機，卻仍想要自己打造的使用者而言，在這個價位很難找到Vertex的對手。

列印成品

麥特・史多茲
Matt Stultz

正職是軟體開發人員，其餘時間是硬體玩家和3D列印愛好者。和很多相同身分的人一樣，他正逐步聚集著他的生產大軍。

自造者世代 <<<<<<
從您的手中開始！
讓我們幫您跨越純粹理論與實際操作間的最後一道門檻

方案 **A**

新手入門組合 <<<<<<<<<<

訂閱《Make》國際中文版一年份＋
Arduino Leonardo 控制板

NT$**1,900** 元

（總價值 NT$2,359 元）

方案 **B**

進階升級組合 <<<<<<<<<<

訂閱《Make》國際中文版一年份＋
Ozone 控制板

NT$**1,600** 元

（總價值 NT$2,250 元）

微電腦世代組合 <<<<<<< 方案**C**

訂閱《Make》國際中文版一年份＋

Raspberry Pi 2控制板

NT$2,400 元

（總價值 NT$3,240 元）

自造者知識組合 <<<<<<< 方案**D**

訂閱《Make》國際中文版一年份＋

自造世代紀錄片DVD

NT$1,680 元

（總價值 NT$2,110 元）

注意事項：
1. 控制板方案若訂購 vol.12 前（含）之期數，一年期為 4 本；若自 vol.13 開始訂購，則一年期為 6 本。
2. 本優惠方案適用期限自即日起至 2016 年 7 月 31 日止

Make:
OVER THE TOP

用1916個零件學會焊接
Learn to Solder with Just 1,916 Parts!

文：詹姆士‧柏克　譯：敦敦

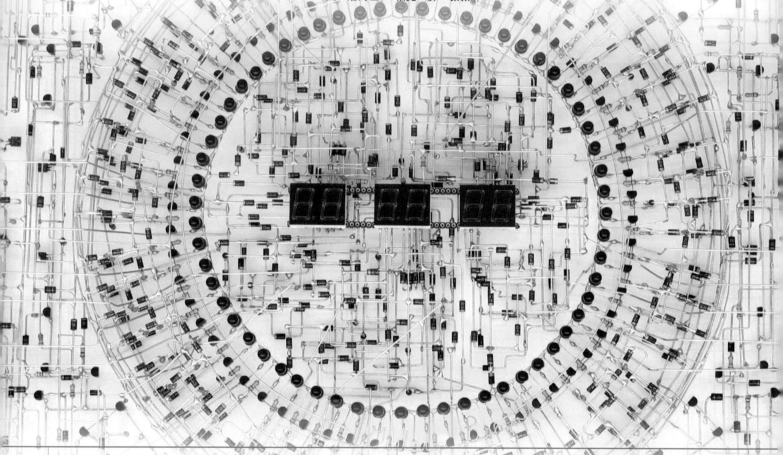

感謝你購買學會焊接套件：吉斯林‧貝諾特（Gislain Benoit）的專業時鐘套件組。在你花費14英磅購買的包裹中，我們細心地裝入1916個零件。平均來說，我們建議你花費三年的時間來完成這件偉大的作品。你將會需要一支烙鐵和許多組焊接小幫手，不過製作過程十分簡單。

步驟1：打開並將零件包依字母及數字順序排好，或是按照每個零件的製造日期也行。

步驟12：將電晶體#73T與LED#32L焊在一起，重複此步驟焊接所有在L袋中的電晶體。

步驟14：找出#10A電阻，並找出所有#10系列的電阻。

步驟28：好的，你已經找到最後一個電阻了。它是不是在箱子的底部？或是在箱子下方的夾縫中呢？老實說，不管你在找什麼都記住要先檢查這些地方，並將所有電阻都先接起來，畢竟電阻並不需考慮極性。

步驟390：為烙鐵鍍錫。

步驟445：等等，我知道零件#235A之前是放在桌子的中間。不，我沒有動它。為什麼我要動它？所以找出來放好之後就別亂移動。

步驟488：要是你沒有通靈板，做一個。可以從老柏樹上切一塊木頭來用，並塗上混苦艾和血色的漆，不然你得到的訊號會不好。（其實用½"的合板也行）

步驟578：（勘誤）在步驟400中提到將LED的正極與電晶體的集極相連。抱歉，請將LED從電晶體上卸下並替LED串聯一個電阻。也許你已經都將LED接好了，但如果你希望時鐘能有跨維連結的功能，可以跳過此步驟至步驟982。

步驟675：你知道接下來要做什麼，不要問我。我這個禮拜已經告訴你不下數十次了。

步驟876：要是LED開始令人不安的閃爍，不要嘗試把它當成摩斯密碼來解讀。任何情況下都不要解讀閃爍的訊息，這將會使你的保固失效。

步驟901：新的一年，你已經有一陣子沒打電話給你的父母了，聯絡一下吧。

步驟955：（非必要）更新你的Arduino IDE。

步驟1267：插電測試所有的LED，冒煙不是正常現象，請即刻移除電源。

步驟2356：使用磁鐵設定時鐘，供電60hz的北美標準電源插座可讓時鐘以正常速度運轉。

步驟2358：正是時候可以展示時鐘給你的朋友了！若他們已離開人世，你可以使用跨次元通信或是通靈板與他們聯繫。此種情況下，為了避免平行世界亂入，請重設你的時鐘。享受吧！

※將此虛線對摺

Make

{一年六期
雙月刊}

vol.13（含）後適用

太空主題　34個動手做專題

Make:

專訪以模組化為目標的
臺灣自製火箭

國際中文版 Vol. 23

NASA需要
你的幫助

DIY深空
望遠鏡

太陽帆
探勘計劃

打造可運作的
離子引擎

偵測殺手級
小行星

駭入廢棄
衛星

火星
自 造 計 劃
加入**DIY**太空專案

學習**Maker**實用技巧：電木萬用板 // 如何使用壓克力 // 雷射！

MAKER MEDIA 馥林文化　　www.makezine.com.tw

優惠價
1,140元

請務必勾選訂閱方案，繳費完成後，將以下讀者訂閱資料及繳費收據一起傳真至（02）2314-3621 或撕下寄回，始完成訂閱程序。

請勾選	訂閱方案	訂閱金額
☐	自 vol._____ 起訂閱《Make》國際中文版 _____ 年（一年 6 期）※ vol.13（含）後適用	NT $ 1,140 元 （原價 NT$1,560 元）
☐	vol.1 至 vol.12 任選 4 本，_____	NT $ 1,140 元 （原價 NT$1,520 元）
☐	《Make》國際中文版單本第 _____ 期 ※ vol.1～Vol.12	NT $ 300 元 （原價 NT$380 元）
☐	《Make》國際中文版單本第 _____ 期 ※ vol.13（含）後適用	NT $ 200 元 （原價 NT$260 元）
☐	《Make》國際中文版一年＋ Ozone 控制板，第 _____ 期開始訂閱	NT $ 1,600 元 （原價 NT$2,250 元）
☐	《Make》國際中文版一年＋ Raspberry Pi 2 控制板，第 _____ 期開始訂閱	NT $ 2,400 元 （原價 NT$3,240 元）
☐	《Make》國際中文版一年＋《自造世代》紀錄片 DVD，第 _____ 期開始訂閱	NT $ 1,680 元 （原價 NT$2,100 元）

※ 若是訂購 vol.12 前（含）之期數，一年期為 4 本；若自 vol.13 開始訂購，則一年期為 6 本。
（優惠訂閱方案於 2016 ／ 7 ／ 31 前有效）

訂戶姓名 ☐ 個人訂閱 ☐ 公司訂閱		☐ 先生 ☐ 小姐	生日	西元_____年 _____月_____日
手機			電話	（O） （H）
收件地址	☐ ☐ ☐			
電子郵件				
發票抬頭			統一編號	
發票地址	☐ 同收件地址　☐ 另列如右：			

請勾選付款方式：

☐ 信用卡資料（請務必詳實填寫）				信用卡別　☐ VISA　☐ MASTER　☐ JCB　☐ 聯合信用卡				
信用卡號			－		－		－	發卡銀行
有效日期		月		年	持卡人簽名（須與信用卡上簽名一致）			
授權碼		（簽名處旁三碼數字）		消費金額			消費日期	

☐ 郵政劃撥 （請將交易憑證連同本訂購單傳真或寄回）	劃撥帳號	1　9　4　2　3　5　4　3
	收款戶名	泰　電　電　業　股　份　有　限　公　司

☐ ATM 轉帳 （請將交易憑證連同本訂購單傳真或寄回）	銀行代號	0　0　5
	帳號	0　0　5 － 0　0　1 － 1　1　9 － 2　3　2

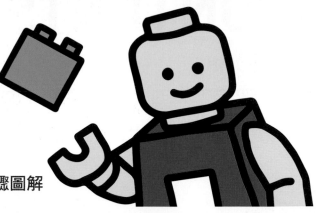

CONTENTS

Nick Normal

08

16

封面故事：
亞當·薩維奇的Navy Mark IV水星太空頭盔（赫普·斯瓦迪雅攝影）。
APPL-9C小火箭（ARRC前瞻火箭研究中心提供）。

24

SPECIAL SECTION
CITIZEN SPACE